室内设计手绘效果图表现

主　编　雷　翔
副主编　陈志亮　郭丽敏
参　编　许　灵　洪　军
主　审　凌小红

北京理工大学出版社
BEIJING INSTITUTE OF TECHNOLOGY PRESS

版权专有 侵权必究

图书在版编目（CIP）数据

室内设计手绘效果图表现 / 雷翔主编. -- 北京：北京理工大学出版社，2019.10
ISBN 978-7-5682-7820-1

Ⅰ.①室… Ⅱ.①雷… Ⅲ.①室内装饰设计 – 绘画技法 – 高等职业教育 – 教材 Ⅳ.①TU204

中国版本图书馆 CIP 数据核字（2019）第 253448 号

责任编辑：张荣君		**文案编辑**：张荣君	
责任校对：周瑞红		**责任印制**：边心超	

出版发行 / 北京理工大学出版社有限责任公司
社　　址 / 北京市丰台区四合庄路 6 号
邮　　编 / 100070
电　　话 /（010）68914026（教材售后服务热线）
　　　　　　（010）68944437（课件资源服务热线）
网　　址 / http://www.bitpress.com.cn

版 印 次 / 2019 年 10 月第 1 版第 1 次印刷
印　　刷 / 定州市新华印刷有限公司
开　　本 / 889 mm×1194 mm　1/16
印　　张 / 12.5
字　　数 / 314 千字
定　　价 / 48.00 元

图书出现印装质量问题，请拨打售后服务热线，负责调换

前言

　　手绘和掌握专业绘图软件一样，都是学习室内设计、开展设计实践的必备基础技能。作为一名室内设计师，至少要具备能够将自己的想法和创意表达出来的能力。除了口头表达之外（这也极为重要），手绘可以快速且直观地表达设计意图、展示设计样貌，在平时记录、积累点滴灵感和生活所见、与客户沟通交流、艺术性地展现设计效果、提高设计师自身修养等方面都可以发挥重要的作用。应该说，手绘在电脑诞生之前一直都是设计师的必备技能，在今天也仍然具有重要作用。通过持续的行业调查，我们发现手绘技能在行业和岗位中越来越受到重视，并成为客户判断设计师修养和能力的重要标准之一。

　　但是，手绘受重视程度的不断提升也恰恰反映出一个现实问题：能够较好掌握软件操作的人很多，但能够较好掌握手绘技能的人相对较少。学校教学也证明了这一点：经过系统的学习之后，学生对软件的掌握通常要好于对手绘技能的掌握。这种情况促使我们思考手绘本身的特点以及手绘教学的方法问题。编者认为，手绘相对于条理分明、步骤清晰的软件操作具有更多的艺术属性，更多地讲究"美感""张力""表现力"等概念，这些往往需要学生自己领悟，所谓"只可意会，不可言传"。这种情况下，很多同学感觉自己缺乏美术基础，难以领悟而产生畏难情绪；或者始终掌握不了手绘方法，学习效果不明显。

　　手绘确实具备较多的艺术属性，手绘大师们的作品往往集技法与艺术于一身，具有很高的艺术价值。但是在教学中，我们不妨把手绘理解为跟软件操作一样的一门技能，对其进行科学理性的分析，梳理出一个内容体系，然后针对体系里的每一个具体问题（如透视、线条、马克笔上色等），总结出实用的、可操作的、效果明显的基本技法。就像广播体操一样，制订标准动作，一个动作一个动作地教给学生，学生学完后连贯起来，就能够掌握完整的技能。虽然这样的教学有一定的缺点，但是作为技能学习来说，又是最有效率的。学生经过这样的学习，可以快速地显现学习成效并运用在其他课程和设计实践中，对提升学生自信和学习兴趣都有很好的帮助。打好了这个基础，可以再适当进行艺术层面的指导，帮助学生继续探寻适合自己的艺术风格。

基于这个理念，本教材在编写时主要遵循以下两个原则。

第一，方法学习和技能磨炼并重。有的教材单纯强调练习和作业，手绘教材沦为"临摹本"，对学生缺乏方法指引，影响学生的学习效果；有的教材则过于侧重理论知识，可供练习的部分太少，又让学生无从下手。本教材针对每个具体问题，以方法为前提并配以丰富的实践内容，强调精讲多练。

第二，强调过程的程序化、内容的标准化和方法的模式化。把手绘分析归纳成一个技能体系，对体系中的每一个技能点都进行了科学合理的动作分解，让教与学的每一个环节都目标明确、清晰可控。

本着让学生们在学习手绘的过程中接触到更好的作品、更多的风格这一初衷，本教材引用了部分其他教材中的高水平作品，恳请各位大师海涵。由于时间仓促，编者水平有限，书中难免会有不足之处，欢迎各位专家同行和同学们批评指正。

编 者

目录

基础理论篇

任务一　初学者必备 …………………………… 2

1.1　什么是手绘 ………………………………………………… 2
1.2　手绘工具、材料的准备 …………………………………… 9

任务二　透视原理及作图方法 ………… 14

2.1　透视与透视图的意义 ……………………………………… 15
2.2　透视作图初步 ……………………………………………… 17
2.3　一点透视 …………………………………………………… 21
2.4　两点透视 …………………………………………………… 35
2.5　微角透视 …………………………………………………… 43

任务三　基本技法 ……………………………… 48

3.1　绘制线稿的基本技法 ……………………………………… 48
3.2　手绘上色技法 ……………………………………………… 59

案例实践篇

任务四　家具陈设单体、组合练习 ……… 76

4.1　沙发单体练习 ……………………………………………… 76

4.2　茶几单体练习 …………………………………… 92
　4.3　椅子单体练习 …………………………………… 95
　4.4　餐桌、餐椅组合练习 …………………………… 98
　4.5　床单体练习 ……………………………………… 101
　4.6　抱枕单体练习 …………………………………… 104
　4.7　橱柜单体练习 …………………………………… 106
　4.8　灯具单体练习 …………………………………… 108
　4.9　卫生洁具单体练习 ……………………………… 112
　4.10　绿色植物单体练习 …………………………… 113
　4.11　陈设品单体练习 ……………………………… 115
　4.12　家用电器单体练习 …………………………… 118

任务五　局部空间组合练习 ………… 119

　5.1　客厅局部空间组合练习 ………………………… 119
　5.2　卧室局部空间组合练习 ………………………… 123
　5.3　餐厅、厨房局部空间组合练习 ………………… 125
　5.4　卫生间局部空间组合练习 ……………………… 126

任务六　完整室内空间练习 ………… 127

　6.1　居住空间手绘表现练习 ………………………… 127
　6.2　公共空间手绘表现练习 ………………………… 154
　6.3　平面图及立面图手绘表现练习 ………………… 180
　6.4　设计方案手绘表现练习 ………………………… 186

参考文献 ………… 189

后记 ………… 191

基础理论篇

　　室内设计手绘是一门技能型的课程,讲授室内设计的快速表现技法。技能的训练,离不开理论的指引和方法的把握。如果初学者在技能方法不明、空间意识薄弱、透视理论模糊的情况下,就盲目开始手绘练习,必定会浪费大量的时间精力而达不到预期的效果。这正如考驾照要先考理论、操作家用电器要先看说明书一样,在开始大量的手绘练习之前,我们有必要对手绘的相关概念、工具的种类、透视的原理和作图的步骤、线稿和上色的技能要点进行必要的梳理,在透彻理解的基础上进行系统的练习,才是正确的学习方法。

任务一　初学者必备

学习任务关系图		
1.1　什么是手绘	1.1.1	手绘的概念
	1.1.2	手绘的作用
	1.1.3	手绘的特点
	1.1.4	手绘的两个阶段
	1.1.5	手绘的三种类型
	1.1.6	学习手绘的思路和方法
1.2　手绘工具、材料的准备	1.2.1	画笔类
	1.2.2	画纸类
	1.2.3	颜料类
	1.2.4	辅助工具类

学习目标分析	
知识目标	1. 理解手绘的含义、特点和作用；
	2. 了解学习手绘的基本方法。
技能目标	1. 了解并配备常用手绘工具；
	2. 进行工具的初步试用。

1.1　什么是手绘

1.1.1　手绘的概念

手绘，顾名思义就是用手进行的绘图。因此从广义上说，一切依赖于手工完成的绘画和图形图像，都符合手绘的定义。

但是准确地来说，今天我们谈到的手绘，首先与纯艺术中的绘画（如素描、色彩、油画、版画等）是有区别的。其次，手绘本身也有艺术性和专业性之分。艺术性手绘重在表达艺术家本身的主观意愿和艺术情感，而专业性手绘指的是各行业中手工绘制图案的技术手法，在建筑设计、城市规划、景观 / 风景园林设计、室内设计、工业 / 产品设计、动漫设计、服装设计、平面设计等专业工作中发挥着重要的作用，如图 1-1 至图 1-6 所示。

图 1-1 专业手绘—建筑

图 1-2 专业手绘—园林景观

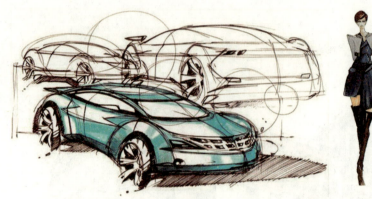
图1-3 专业手绘—工业设计

图1-4 专业手绘—服装设计

图1-5 专业手绘—动漫设计

图1-6 专业手绘—平面设计

　　本教材所涉及的手绘内容,是指在室内设计行业中进行室内空间效果快速表现的专业手绘技法。后面所谈到的手绘,如无特别注明,指的都是这一类手绘,如图1-7所示。

图1-7 室内设计手绘表现(陈红卫绘)

1.1.2 手绘的作用

1. 表达设计理念

设计想法和理念需要通过具体的形式表现出来。在进行早期创意的过程中，通过完全自由、无所限制的快速手绘表现，可以帮助设计者捕捉灵感、整理思绪、形成思路，将设计师不断闪现的灵感，或者团队讨论中的思想碰撞结果及时地表达出来，如图1-8所示。

2. 分析设计方案

设计方案的每一个要点，从整体到细节，从空间到材料，从色彩到肌理，从形式到功能，都可以通过手绘表现进行一一分析和探讨，帮助设计师及团队对设计方案进行细致打磨和不断优化。

3. 沟通传达设计意图

在与客户沟通的过程中，很难单纯依靠语言文字和各种专业术语让客户透彻理解设计师的意图；平面图纸虽然能够准确表达设计内容，但未经过专业训练的人很难读懂，就算能够看懂图示符号，也不一定能够进行必要的空间想象；而计算机3D效果图制作则需要一定的时间，难以在谈话过程中立刻完成。因此，手绘快速表现是与客户沟通时的最佳辅助手段，它可以直观、快速地描述设计意图，表现空间效果，及时帮助客户了解设计内容和设计亮点，大大提高沟通的效率。

4. 提升设计师修养

一名优秀的设计师需具备扎实的专业能力和丰富的专业经验，而手绘基本功就是设计师专业能力的鲜明体现。设计师在日常生活、设计实践中的点滴灵感，在生活和书刊中看到的优秀设计，可以通过手绘和笔记的方法及时、快速地记录下来，长期坚持下来，对于设计师修养的提升具有很高的价值，如图1-9至图1-12所示。

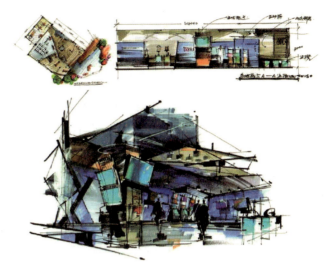

图1-8 手绘可以传达设计理念和设计内容（杨健绘）

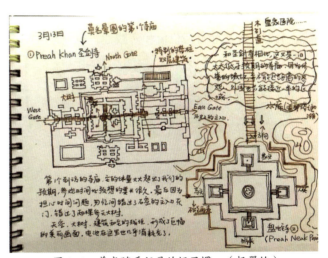

图1-9 养成随手记录的好习惯一（杨翼绘）

图1-10 养成随手记录的好习惯二（杨翼绘）

1.1.3 手绘的特点

手绘表现具有一个鲜明的特点，就是科学性与艺术性的结合，如图1-13所示。

科学性，也可以理解为技术性。手绘作品从线稿到上色都有专门的工具和材料，靠一套完整的技法体系来实现，在绘图中要以真实空间为依托，强调透视原理的运用和正确表达。艺术性则体现在线条的表现力、色彩的搭配、画面的感染力等多个方面。好的手绘表现通常是科学性和艺术性的完美融合与协调统一的结果。如果单纯强调技术，手绘在计算机制图面前将毫无优势；而单纯强调艺术表现，手绘又会失去设计理念和设计内容表达的基本功能，无法具备实际参考价值和实践性，也就毫无意义。

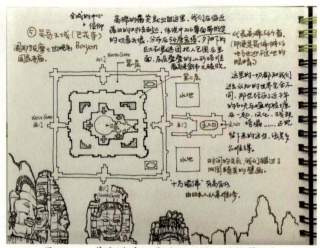

图1-11 养成随手记录的好习惯三（杨翼绘）

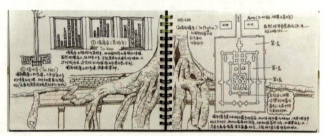

图1-12 养成随手记录的好习惯四（杨翼绘）

图1-13 手绘表现的特点

1.1.4 手绘的两个阶段

1. 线稿阶段

线稿通过单纯的线条来构成画面，依靠黑、白、灰的对比形成直观的层次效果，注重形体的分析和空间的推敲。把握好的话，线稿本身就可以是完整的作品，如图1-14（a）所示。

2. 色彩稿阶段

色彩稿也称上色稿，是在线稿的基础上添加色彩的变化，形成更加贴近真实世界的表现力和画面内涵，表现效果更加直观，如图1-14（b）所示。

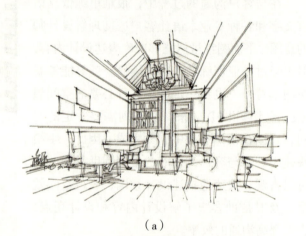

(a)

(b)

图1-14 线稿与上色稿（施平绘）

1.1.5 手绘的三种类型

1. 概念草图表现

概念草图表现注重用最快的速度和最简练的线条及色块表现即时的想法。它是捕捉设计灵感、形成设计思路的重要手段,也是通过直观的形式进行设计方案的推敲、团队交流探讨、与客户沟通的有效语言,如图1-15所示。

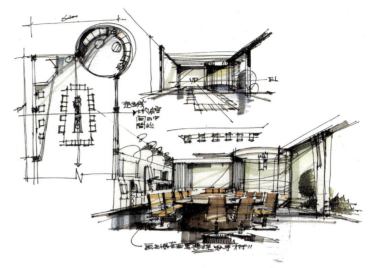

图1-15 概念草图表现(杨健绘)

2. 方案图表现

方案图表现是对概念草图进行优化和深入的过程,对基本确定的设计项目和比较成熟的设计方案进行具象化呈现,在与客户的后期洽谈及汇报中使用,如图1-16所示。

3. 精细效果表现

精细效果表现则注重内容的完整性、技术的准确性、画面的艺术性和技法的丰富性,力求展现最终设计方案的最佳、最直观效果。可以利用尺规进行精确、细致的描绘。

图1-16 方案图表现(赵杰绘)

虽然通过计算机软件可以制作高度仿真的三维效果图,但手绘表现也有其不可替代的优势,在线条、色彩和整体画面的布局上,有着计算机制图难以实现的灵动、潇洒和艺术美感。在设计方案中,除了电脑效果图,再附上几张精致、美观的手绘效果图,可以极大提升设计方案的说服力和感染力,如图1-17所示。

图1-17 精细效果表现(吕律谱绘)

> **思考与小结：**
>
> 　　1. 室内设计手绘效果图是否一定是徒手表现，一定是很随意、潦草、概括的风格呢？显然不是。根据不同的需要、在不同的场合下，我们可以选择不同的手绘表现形式来表达设计思想，可以是潦草、概括的，也可以借助尺规进行精细的刻画。在手绘学习中，首先要理解这个问题，才不至于在以后的学习中感到困惑。
>
> 　　2. 学习手绘的过程始终要循序渐进、一步一个脚印，没有捷径可走。就如同人在成长的过程中，要先学爬，再学走，然后才能学习跑，这个过程也同样没有捷径。但是，当我们成长以后，不论爬还是走，或者跑都不是问题的时候，就可以根据需要来选择走路或跑步，做到随心所欲。

1.1.6　学习手绘的思路和方法

　　在学习手绘之前，我们可能会遇到这样的问题：想要画一个东西总是画不好、画不像；想要表达一个设计想法，画出来却总是达不到我们心里设想的样子，这是我们对手绘感到畏惧和不自信的地方，也恰恰是我们下定决心要把手绘学好的出发点和动力。作为初学者，我们应该如何开启手绘世界的大门？

1. 循序渐进、持之以恒

　　任何技能的学习，都有点滴积累、循序渐进的过程。作为初学者，或未入门者，一定要静下心来，克服浮躁和急功近利的想法，从基本功练起，逐步提高难度，并持之以恒地坚持下去。

　　在本教材中，基本的学习思路是透视—家具单体—局部空间—完整空间—类型空间；线条—色彩；草图—效果图定稿。

2. 重视手绘的科学性

　　应透彻理解透视原理，严格进行透视训练，注重技法的规范性。

3. 重视手绘的艺术性

　　长期进行线条和上色练习，在掌握基本技法的基础上，进行个人艺术情感和艺术表达上的探索。

4. 灵活运用学习方法

　　学习方法有临摹优秀手绘作品、根据室内实景照片进行手绘创作、实景写生、在设计实践中强迫自己多采用手绘来表达设计想法等。此外，一定要多思考、多总结、多对比、多与别人交流探讨，有思考才有提高，有想法作品才有灵魂，避免让自己成为绘图机器。

1.2 手绘工具、材料的准备

1.2.1 画笔类

1. 普通铅笔

铅笔是最常用的绘图工具（见图 1-18），初学者或绘制大型复杂作品时用于起稿，优点是容易修改。普通铅笔一般分为 6H～6B 共 13 种型号，也有 8B、10B 甚至 12B 的素描专用铅笔。其中 HB 为中性铅笔，软硬适中；H 系列为硬性铅笔，标号越大，笔芯越细、越硬，颜色越浅。太硬的铅笔容易划破纸面；B 系列为软性铅笔，标号越大，笔芯越粗、越软，颜色越深。太软的铅笔容易画得太黑，不好修改或弄脏纸面，在手绘起稿时，最好选择 2B 或 HB 铅笔。

图 1-18　铅笔

2. 自动铅笔

自动铅笔的好处是不需要削铅笔，缺点是容易折断笔芯，或因笔芯过尖而划破纸面。常用的型号也是 2B，笔芯粗细为 0.35、0.5、0.7 等（见图 1-19）。

图 1-19　自动铅笔

3. 绘图笔

绘图笔是中性笔、针管笔、鸭嘴笔等黑色碳素类墨水笔的统称，其差别在于笔头的粗细和墨水的配制不同。

中性笔（见图 1-20）是最为常见的绘画工具（也是目前最常用的书写工具），价格便宜，购买方便，可以更换笔芯，使用率极高。但用在绘图中缺点也很明显，使用时间久了容易出水不畅，或因漏墨而弄脏纸面。

针管笔是精细绘图的重要工具，又称绘图墨水笔，专门用于绘制墨线线条。针管粗细型号很多，常见的从 0.1mm 到 2.0mm，可以绘制不同宽度的墨线，并且出水稳定、线条美观。针管笔也分为一次性和储水式两种。过去更多地使用储水式针管笔，使用前要像钢笔一样注入墨水，优点是可长期使用，墨水成本较低；缺点是需要细致保养，小心使用，否则笔头容易堵塞或损坏，大大增加绘图成本。因此，现在更多使用的是一次性针管笔，不能添加墨水，但是使用方便，干净整洁，使用后及时盖上笔盖即可。针管笔的品牌众多，国内的有英雄牌（见图 1-21），国外有日本樱花牌（见图 1-22）、德国红环牌等。

图 1-20　中性笔

图 1-21　英雄牌储水式针管笔

鸭嘴笔的笔头由两片弧形的钢片相向合成，略呈鸭嘴状（见图1-23），常用于圆规制图。在使用鸭嘴笔时，不应直接蘸墨水，而应该用毛笔蘸上墨汁后，从鸭嘴笔的夹缝处滴入使用；通过调整笔前端的螺丝可以画出不同粗细的线条；缺点是线条的粗细难以规范和控制，而不断滴入墨水也比较烦琐且容易弄脏纸面。

4. 钢笔、美工笔

钢笔是最基本的手绘工具之一，其线条粗犷，绘图效果明暗对比强烈。如英雄牌616钢笔（见图1-24），笔身圆润，勾画出的线条十分细腻，整个画面给人简洁、轻快、透气的感觉。

美工钢笔是借助笔头倾斜度制造粗细线条效果的特制钢笔（见图1-25），其广泛应用于美术绘图、硬笔书法等领域，线条可粗可细，最适合画线面结合的线稿，可以创造强烈的艺术效果。

5. 毛笔、排笔

在水彩、水粉和透明水色表现中，我们还要用到毛笔、排笔类工具（见图1-26）。羊尾毛、兔毛笔蘸色会比较饱满，颜色厚重；尼龙笔毛较硬，吸水性差，笔头容易开叉，但是画出的线条较为硬朗。也可以选择书法中的各类毛笔来作图；排笔适合大面积色彩晕染。

图1-22 樱花牌一次性针管笔

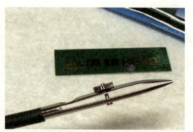

图1-23 鸭嘴笔

图1-24 英雄牌616钢笔

图1-25 美工钢笔

图1-26 各类毛笔、排笔

6. 彩色铅笔

彩色铅笔是被广泛使用的手绘上色工具（见图1-27），其色彩丰富，手法简便，不论是创作草图还是成品效果图，都不失为一种效果突出的上色工具。彩铅分为非水溶性和水溶性两种。水溶性彩铅色彩润泽、鲜艳，可反复叠加而不发腻，适合深入表现家具、石材和光影的质感。彩铅可以与马克笔配合使用，两者互为补充，相得益彰。

7. 马克笔

马克笔又称麦克笔，是各类专业手绘表现中常用的工具（见图1-28），其特点是色彩丰富，着色快速，笔触潇洒、大气，上色后画面效果极为漂亮。马克笔分为水性、酒精性和油性等类型。水性马克笔效果与水彩类似，色彩轻透，但不适合反复叠加，容易湿透纸面导致破损；酒精性马克笔具有较强气味；油性马克笔色彩油润、鲜艳，可多次叠加，不易损坏纸张。此外，马克笔的笔头有方头、尖头等，用于绘制不同笔触的线条。

马克笔色系很多，初学者可以根据专业选择其中的一部分来购买，如灰色系、地板色系、园林色系等。相对来说，马克笔的使用有一定难度，需要经过长期练习才能画出潇洒流畅、色调统一、疏密有致的感觉。常见的马克笔品牌有日本美辉（MARVY）、韩国TOUCH、美国三福（SANFORD）、美国AD等。

8. 喷笔

喷笔又称喷枪，是一种精密绘图仪器（见图1-29），可以将颜料以气雾状进行均匀喷洒，制造出极为细腻的色彩效果，明暗层次细腻自然，渐变柔软滑润，物像刻画真实柔和，具有很高的艺术表现力。但是喷笔作画耗时过长，适于艺术创作，不适于设计的快速表现。

9. 修正液和提白笔

修正液和提白笔的使用目的不是进行修正，而是针对高光的位置进行提白，对画面起到画龙点睛的作用，极大地提升整体画面的效果和表现力。如三菱牌修正液（见图1-30）和樱花牌提白笔（图见1-31）。

图1-27　彩色铅笔

图1-28　马克笔

图1-29　喷枪

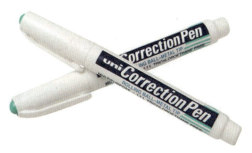
图1-30　三菱牌修正液

图1-31　樱花牌提白笔

1.2.2 画纸类

1. 复印纸

复印纸的幅面有 A4 和 A3 等常用型号（见图 1-32），厚度有 70g 和 80g 两个常见级别。其购买方便，价格实惠，携带方便，是练习手绘的最佳画纸选择。

图 1-32 复印纸

2. 美术纸

美术纸有素描纸、水彩纸、水粉纸、速写本等（见图 1-33），也是练习手绘通常选择的画纸品种。美术纸的特点是纸张较厚、纸面有一定的肌理效果，触感强烈，有利于质感表现；适用于水彩、透明水色、马克笔表现和黑白强对比渲染。

图 1-33 各类美术纸

3. 硫酸纸

硫酸纸是传统的工程图专用纸张（见图 1-34），其透光性好、厚重、纸面光滑，适合绘图笔的运用。缺点是中性笔在上面绘图容易断墨，墨迹不易快干。由于其半透明的特性，是理想的拓图练习用纸。

4. 其他纸张

其他纸张还有草图纸、新闻纸、牛皮纸、白卡纸、铜版纸，以及插画用的冷压纸和热压纸、彩色板纸、转印纸等，可以根据需要进行选用。

图 1-34 硫酸纸

1.2.3 颜料类

1. 水彩

水彩颜料轻薄透明，是传统绘制效果图的常用材料（见图 1-35），很多知名的手绘大师都喜欢用水彩进行上色。水彩符合手绘快速表现的要求，在线稿的基础上快速涂上水彩颜料，即可形成极佳的画面效果，如铅笔淡彩、钢笔淡彩等，着色的时候要注意由浅入深、一气呵成。选用尼龙笔可以很好地体现颜料的透明度；缺点是需要用水调色，比马克笔略显烦琐。

图 1-35 水彩颜料

2. 水粉

相对于水彩而言，水粉遮盖力强、不容易出错（见图1-36），笔触可以覆盖、重叠，适合厚重效果的表现。其渐变性特点很突出，笔法使用得当可以实现很好的渐变效果，因而常常代替水彩用于铅笔淡彩或钢笔淡彩中，称水粉薄画法。

3. 色粉

色粉，也称粉画、彩色粉笔画。它并不是水粉画，而是由特制的彩色粉笔（见图1-37），作画时直接在画面上调配色彩，利用色粉笔的覆盖及笔触的交叉变化而产生丰富的色调。

图1-36　水粉颜料

图1-37　色粉

1.2.4　辅助工具类

1. 尺规类

常用的尺规有直尺、三角板、丁字尺、曲线尺、放大尺、比例尺、圆规、量角器、万能绘图仪等。

2. 调色用具

常用的调色用具有调色盘、碟、笔洗等。

3. 箱包类

箱包有工具箱、图纸包、图纸夹、笔袋等。

4. 其他

其他工具还有色标/色卡、描图台、制图桌、写生椅、裁纸刀、美工刀、刻刀、胶水、胶带等。

任务二　透视原理及作图方法

学习任务关系图		
2.1　透视与透视图的意义	2.1.1	透视的基础概念
	2.1.2	学习透视的意义
	2.1.3	透视的基本法则
	2.1.4	常用的透视术语
	2.1.5	透视的基本类型
2.2　透视作图初步	2.2.1	对角线等分法
	2.2.2	利用对角线延续透视面
	2.2.3	圆的透视作法
2.3　一点透视	2.3.1	基本特征
	2.3.2	一点透视的感受性练习
	2.3.3	一点透视成像的几种情况
	2.3.4	空间一点透视作图法：从内向外法
	2.3.5	空间一点透视作图法：从外向内法
	2.3.6	一点透视的三大控制要素
	2.3.7	一点透视线稿巩固练习
2.4　两点透视	2.4.1	基本特征
	2.4.2	两点透视的感受性练习
	2.4.3	两点透视成像的几种情况
	2.4.4	空间两点透视作图法
	2.4.5	两点透视线稿巩固练习
2.5　微角透视	2.5.1	微角透视的基本概念
	2.5.2	微角透视作图法
	2.5.3	微角透视线稿巩固练习

学习目标分析	
知识目标	1. 理解透视对于手绘的重要意义；
	2. 掌握透视的基本原理、特点、类型。
技能目标	1. 掌握不同类型透视效果图的画法和步骤；
	2. 掌握不同类型透视的注意要点。

2.1 透视与透视图的意义

2.1.1 透视的基础概念

我们在现实中看到的所有景物，由于远近距离不同、观看方位不同，会形成不同的视觉成像，这种现象就是透视现象（见图2-1）。研究这种现象规律的学科，就是透视学。利用透视学归纳出来的规律和方法，在平面上进行模拟透视现象的作图，就称为透视图。

图2-1 透视现象

2.1.2 学习透视的意义

前文提到，室内设计的手绘表现不同于纯艺术，绝不仅仅是设计师个人情感的表达，如果脱离了对实际空间的描述、违背了正确的尺度和比例关系，设计手绘表现就失去了参考价值和现实意义。而对空间关系和比例尺的正确描述，就是基于透视原理和技法的正确运用。

初学手绘最大的障碍在于把握不好空间中复杂物体的透视关系，画面总感觉不舒服，很多人因此而失去继续学习的兴趣和信心。因此，透彻理解透视原理、熟练掌握透视图作法，是我们学习手绘首先要啃下的"硬骨头"。

2.1.3 透视的基本法则

（1）近大远小。等大的物体会呈现距观察者越近成像越大、距离越远成像越小的特点。此外，还存在近疏远密、近实远虚、近明远暗的规律。

（2）消失点。只要有透视，只要存在近大远小的基本规律，就必然存在消失点，也称灭点。消失点的数量，决定了透视图作法的几个基本类型。

（3）与画面平行的线条，在透视中仍保持平行关系；与画面相交的线条，遵循近大远小的规律，在透视中趋向于一点，即消失点。

2.1.4 常用的透视术语

常用的透视术语有以下13种，如图2-2所示。

（1）视点（目点）：就是画者眼睛的位置（E）。

（2）立点：观者所站的位置。又称站点或足点（e）。

（3）视线：由目点作出的射向景物的任何一条直线均为视线（EA°）。

（4）中视线（视距）：由目点引向正前方的视线为中视线（Ee'）；中视线始终垂直于画面。

（5）视角：两条视线（EA°与Ee'）于视点（E）的交角即称视角。通常视角最大限度不超过60°，视角内图形清晰可见，不会出现变形现象。

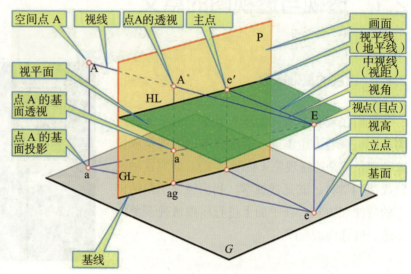

图2-2 常用的透视术语示意图

（6）视平线：视平面与画面的交界线（HL），平视时即是画面上等于视高的水平线，与地平线重合的线。

（7）视平面：由目点作出的水平视线所构成的面。当作画者平视时，视平面平行于地面；仰视、俯视时，视平面倾斜于地面；正俯、仰视时，视平面垂直于地面。

（8）画面：画者与景物间的透明界面（玻璃板P）。平视时，画面垂直于地面；倾斜仰、俯视时，画面倾斜于地面；正俯、仰视时，画面平行于地面。

（9）基线：画面与地面的交界线（GL）。

（10）基面：被画物放置在该平面上，呈水平面状态，分别与地面、视平面保持平行；平视时与画面垂直（G）。

（11）主点：中视线与视平线的交点（e'）。

（12）视高：目点的垂直高度（Ee）。视高一般与视平线（HL）同高。

（13）地平线：作画者所见无限远处天与地的交界线。平视时地平线与视平线重合；斜视、仰视、俯视时，地平线分别在视平线的下方、上方；正仰、俯视时，不存在地平线。

2.1.5 透视的基本类型

根据消失点的数量，在空间透视上有一点透视、两点透视、微角透视、三点透视、散点透视等基本类型（见图2-3）。其中三点透视一般用于表现大体层的建筑，散点透视常见于我国传统

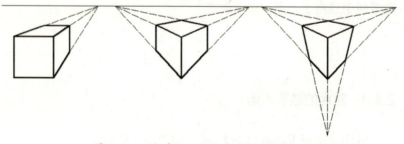

图2-3 一点透视、两点透视和三点透视

绘画，本书不作具体讲解。室内设计手绘中常用的透视类型是一点透视、两点透视和基于一点透视进行变化形成的微角透视。

2.2 透视作图初步

2.2.1 对角线等分法

要找出矩形的中心点，只要画两条对角线得到交点，即为矩形的中心点（见图2-4）。而在发生透视变化的矩形中，这一原理同样适用。

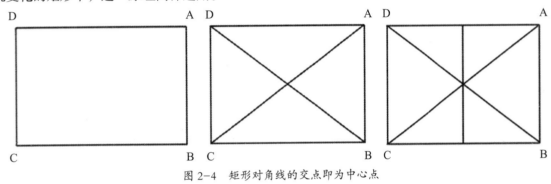

图2-4 矩形对角线的交点即为中心点

在手绘空间效果图时，常常会遇到各种方形物体等距离排列或并列的情况，如书柜、衣柜的多个相同门，或装饰背景墙上的等距竖条状装饰，这时就可以运用对角线等分的原理，进行较为精确的透视等分。

（1）利用对角线进行矩形二等分和四等分（见图2-5）。

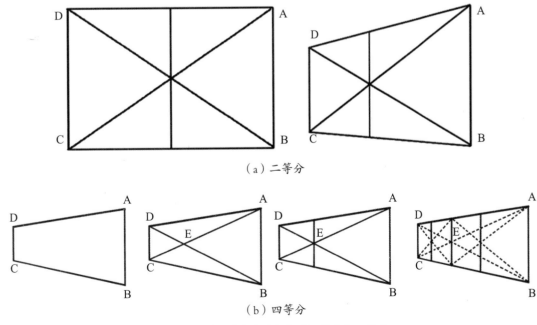

图2-5 利用对角线进行矩形二等分和四等分

（2）利用对角线进行矩形三等分（见图2-6和图2-7）。

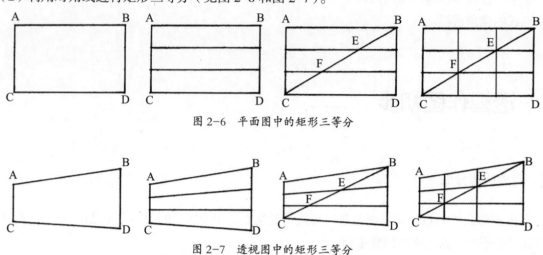

图2-6 平面图中的矩形三等分

图2-7 透视图中的矩形三等分

（3）利用对角线进行矩形多次等分（见图2-8）。

（4）矩形三等分和五等分的特殊方法（见图2-9）。

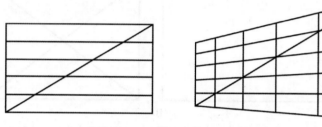

图2-8 利用对角线进行矩形多次等分

2.2.2 利用对角线延续透视面

已知矩形ABCD，作AC和BD两根对角线，得到点E；过E点作AD的平行线，交CD于F点；连接AF，并延长BC交于G点；过G点做垂线交AD延长线于H点，DCGH面即为ABCD面的延续面。以此类推可连续做延续面（见图2-10）。

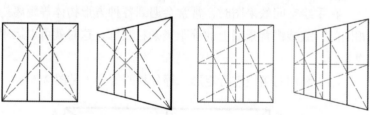

图2-9 矩形三等分和五等分的特殊画法

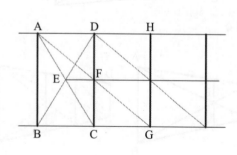
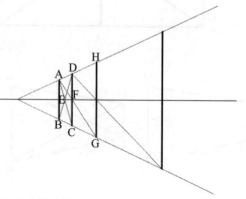

图2-10 利用对角线延续透视面

2.2.3 圆的透视作法

1. 基本规律

（1）圆在画面上，或圆所在的平面与画面绝对平行，圆的透视成像为正圆。

（2）圆所在的平面通过视点，圆的透视成像为一条直线；直线的长度为圆的直径。

（3）除上述情况外，圆的透视成像为椭圆。

以上规律如图 2-11 所示。

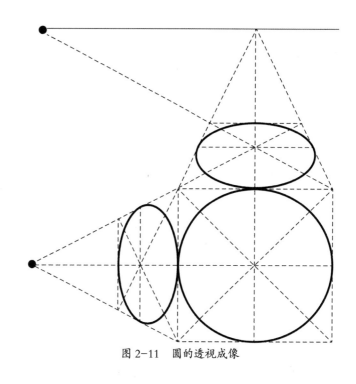

图 2-11 圆的透视成像

2. 作图方法

把正圆纳入与圆直径等边的正方形中，可以得到一些关键点。当正方形产生透视变化时，关键点的位置也相应发生一定的变化，连接关键点可以得到产生相应透视变化的圆。

（1）八点求圆法。在与圆直径等边的正方形上，找到4条边的中点1、2、3、4，做直线连接1和3、2和4，形成垂直和水平的两条直线。将正方形等分为4个小正方形，选其中一个小正方形（见图2-12中选择左上角的小正方形）做两条对角线，得到交点C。经过C点做垂直线，并与大正方形交于A点；连接A、B两点，得到O点。经过O点作水平线，与大正方形的对角线交于6、7两点；过6、7两点作垂直线，与大正方形的对角线交于5、8两点。光滑连接1、2、3、4、5、6、7、8八个点，可完成圆的作图（见图2-12）。

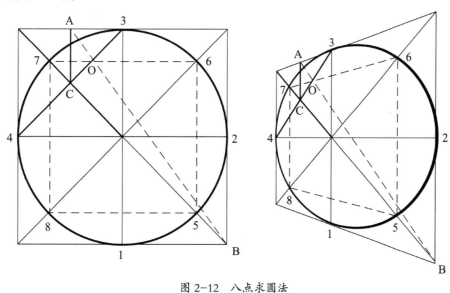

图 2-12 八点求圆法

（2）十二点求圆法。在与圆直径等边的正方形上，作16等分，得到1、2、3、4和B、C、F、G、J、K、L、M几个点。分别连接A、F和B、E及K、H和E、M，即求得2、12、9、11四个点；再分别连接J、D和A、L及C、H和G、D，即可求得5、3、8、6四个点。最后，光滑连接1～12个点，完成作图（见图2-13）。

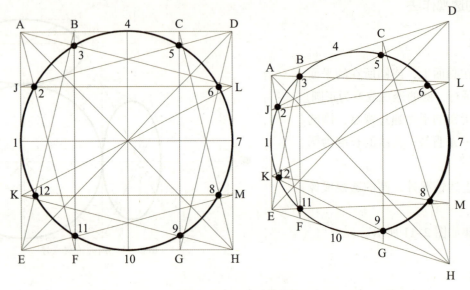

图2-13 十二点求圆法

3. 徒手画圆

（1）技巧。通过取1/2对角线的2/3点来进行快速定位和画圆（见图2-14）。

（2）要注意的问题。转角太尖、平面倾斜、前后半圆关系不对等，都是徒手画圆容易出现的问题（见图2-15）。我们首先要从原理上理解圆的透视原理。例如，为什么在透视中，圆的后半弧度要小于前半弧度，然后在理解的基础上多练习，才能做到手随心动，随手一画就能准确无误。

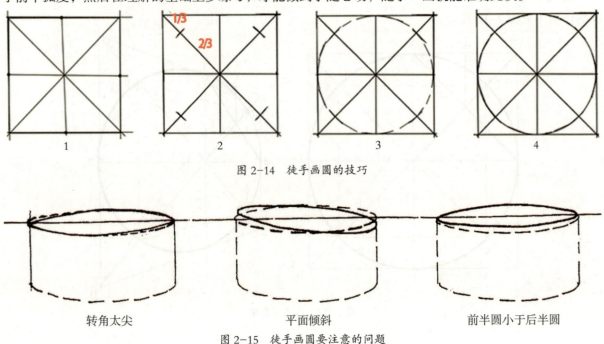

图2-14 徒手画圆的技巧

转角太尖　　　　　　平面倾斜　　　　　　前半圆小于后半圆

图2-15 徒手画圆要注意的问题

4. 圆的透视练习

尝试绘制下列圆的透视变化（不用上色）并进行徒手画圆练习（见图 2-16 至图 2-18）。

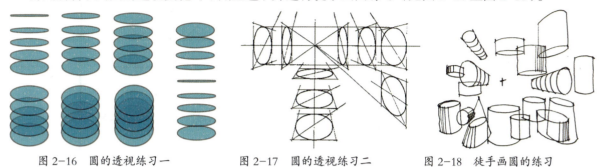

图 2-16　圆的透视练习一　　　图 2-17　圆的透视练习二　　　图 2-18　徒手画圆的练习

2.3　一点透视

顾名思义，一点透视即只有一个消失点。相对其他透视类型来说，一点透视在视觉上有较强的纵深感，适合表现庄重、对称的空间对象；缺点是画面容易显得呆板、沉闷（见图 2-19）。

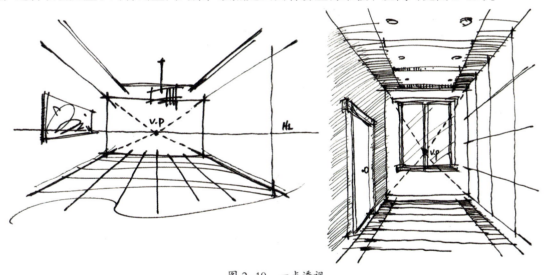

图 2-19　一点透视

2.3.1　基本特征

以形状规整、平稳放置的六面立方体为对象，一点透视的基本特征表现在以下几方面。

（1）只有一个消失点（灭点）。

（2）空间／物体至少有一个面与画面绝对平行，故也称"一点平行透视"或简称"平行透视"。与画面平行的面保持原来的形状不变，与画面相交的面远离视平线越宽，靠近视平线越窄；与视平线同高，则呈一条直线。

（3）画面中只有三种方向的线条：绝对水平、绝对垂直和消失于灭点。

2.3.2 一点透视的感受性练习

1. 直尺画九宫格方块

（1）根据纸的大小，先自己确定一下每个正方形的边长；然后用铅笔和尺子，在纸上合适的位置，画出9个大小一致的正方形。每个正方形的间距也要统一，正方形的间距与其边长相同。

（2）在最中间的正方形中绘制两条对角线，找到中心点，确定为消失点。

（3）找到每行和每列正方形间距的中心，绘制两条横向和两条竖向的辅助线，用于控制正方体透视变化后的进深。

（4）基于消失点和辅助线，做每个正方体的一点透视图。

以上步骤如图2-20所示。

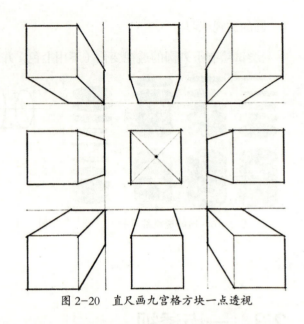

图2-20　直尺画九宫格方块一点透视

> **? 想一想：**
>
> 当物体位于不同位置的视点和视线时，物体在画面中分别可以呈现出几个面？

2. 直尺画任意方块

（1）根据纸张大小，在合适位置先确定一个消失点。

（2）环绕消失点，用铅笔和尺子绘制多个任意大小和形状的矩形。

（3）连接矩形端点和消失点，做每个立方体的一点透视图。立方体的深度也自由确定，尽量有深有浅。

以上步骤如图2-21所示。

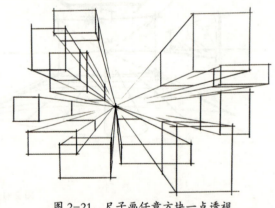

图2-21　尺子画任意方块一点透视

> **思考与小结：**
>
> 上面两个用尺子画的练习多练几次以后，可以尝试不用尺子，徒手绘制方块的一点透视图。徒手画的过程中，始终要牢记前文提到的一点透视的基本规律。
>
> 1. 只有三个方向的线；只要是斜线，就一定要指向消失点。
> 2. 离视平线越近的面越窄，越远的面越宽。

3. 尝试徒手画方块

经过前面的直尺画九宫格方块和直尺画任意方块练习之后,现在我们来尝试徒手画方块,如图2-22所示。

4. 直尺画沙发的一点透视分解图

沙发从结构上可以归纳为底座、坐垫、靠背和扶手。下面通过一点透视对其结构进行分析。

先用尺子画,感觉理解透彻后,可以尝试徒手画(见图2-23)。

5. 徒手画沙发的一点透视成像分析

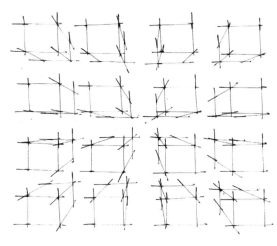

图2-22 徒手画方块的一点透视

将立方体具象为沙发,进行一点透视成像规律的分析。可以利用尺子,尽量尝试徒手画(见图2-24)。如果觉得难度太大,也可以用尺子辅助,或者先跳过这个练习,等后期学习沙发单体时,再回过头来练习本图。

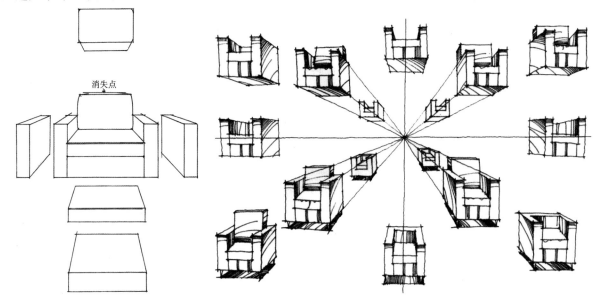

图2-23 直尺画沙发的一点透视分解图　　图2-24 徒手画沙发的一点透视成像分析

2.3.3 一点透视成像的几种情况

一点透视在不同情况下可以呈现出几个面?现归纳如下。

(1)消失点在物体范围之内,根据近大远小的原则,我们只能看到一个面,其他面都被挡住了(虚线表示被遮挡的面),如图2-25(a)所示。

(2)消失点在物体垂直范围之内,但又在水平范围之外,我们只能看到两个面;同理,消失点在物体水平范围之内,但又在垂直范围之外时,也只能看到两个面,如图2-25(b)所示。

(3) 消失点完全超出物体范围，则可以看到3个面，如图2-25（c）所示。

(4) 当我们进入被观察物体的内部（实际上就是身处一个室内空间中，并且该空间也为规整的6面立方体），会出现多种情况。比较常见的情况下，可以看到5个面（对面墙、天花板、地面、左墙、右墙），如图2-25（d）所示。这也是手绘中运用一点透视表现空间内部的基本视角。

以上前三种情况都是从物体外部进行观察的结果。在手绘中，这些方法适用于各种家具、陈设等物品的绘制，或用于建筑物的外观表现（见图2-26）。

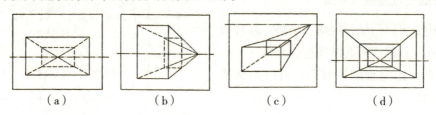

图2-25 一点透视成像的几种情况分析

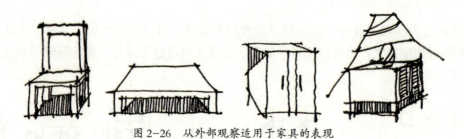

图2-26 从外部观察适用于家具的表现

2.3.4 空间一点透视作图法：从内向外法

在透视学中，人们经过长期的科学研究，总结出一整套在图纸上模拟视觉透视现象的作图方法。我们学习手绘，虽然目标是达到徒手绘图又快、又准、又漂亮的熟练程度，但一步一个脚印打好理论和技能的基本功，才是正确的学习方法。因此，我们在练习徒手手绘之前，先要理解透视的原理，再学习科学严谨的透视作图方法；把这个基本功练好以后，再慢慢丢掉尺子和铅笔，不依赖点到点之间的用尺连线，不依赖用尺子做辅助线、用尺子去找消失点，最终做到手中无尺，线条照样准确、笔直；纸上无点，心中有点。

1. 基本方法示范

在一点透视中，我们先学习从内往外推的方法。首先假设一个房间长5m，宽4m，高3m，并确定观察者的位置和观看方向，如图2-27所示。

（1）从内向外，即先画出对面墙面，即一个代表5m×3m的矩形。我们先要确定一个绘图的比例，将这么大的房间等比例地缩小。以A4纸为例，建议采用1:50的比例，也就是用2cm代表现实中的1m。

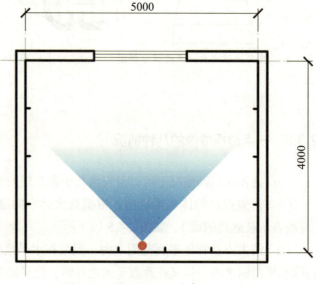

图2-27 案例平面图（单位：mm）

所以，先把A4纸横置，然后在中间的位置画一个10cm×6cm的矩形，并按2cm一格平均分成5等分，如图2-28（1）所示。

（2）在画好的矩形上，轻轻绘制一条视平线。视平线的高度最好在矩形正中偏下一些，如图2-28（2）所示。

（3）在视平线上，确定一个消失点。建议在整个矩形水平距离的中间1/3范围内任意确定。然后从消失点对矩形的4个端点连线，形成上、下、左、右四面墙，如图2-28（3）所示。

（4）在左右两面墙中，找到较宽的一面墙（如果消失点在正中，则左右两边墙一样宽，任选一边即可），然后以空间进深为依据，在内部矩形下边线的外侧作延长线，并标记出刻度。在本例中，房间进深为4m，故画一条8cm长的延长线，每2cm做一刻度标记，如图2-28（4）所示。

（5）延长线的末端，即为空间边界。延长线末端的空间边界与视平线的交点，为测点M，连接M点与延长线上的每一个刻度，并延长至地面边界上分别得到交点。参考例图，最终完成空间的一点透视。整个过程请参看图2-28（1）～（5）分解图。

2. 案例示范[①]

根据下面的平面图和立面图（见图2-29），用一点透视从内向外法，绘制一点透视效果图。整个过程请参看图2-30（1）～（4）分解图。要注意以下几个问题。

（1）在建筑和建筑装饰工程制图中，一般采用毫米为单位。

（2）空间透视图完成后，地面会形成1000mm×1000mm的单元网格，不但可以直接作为地板砖的表现，更可以形成尺寸上的参考。此时在地面网格中，可以根据平面图提供的尺寸位置，先绘制出家具的地面投影，然后根据立面图提供的尺寸，拉出正确的家具高度。

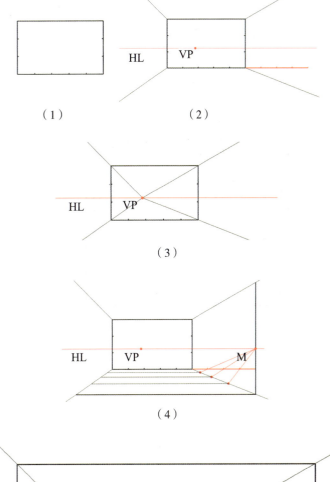

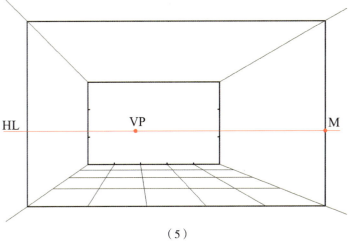

图2-28 一点透视从内向外法步骤分解

[①] 本任务的示范案例，引自裴爱群：《室内设计实用手绘教学示范》，大连，大连理工大学出版社，2009。

（3）把家具画出基本的立方体后，要停笔检查一下，确保家具的尺寸和位置无误后，再添加细节。

（4）最后，在铅笔稿的基础上用中性笔描一遍，完成作业。

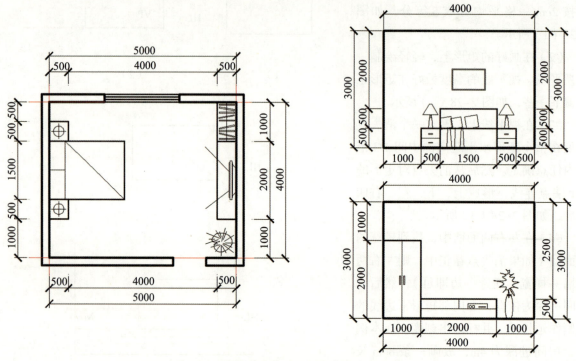

图2-29 案例平面图及立面图（单位：mm）

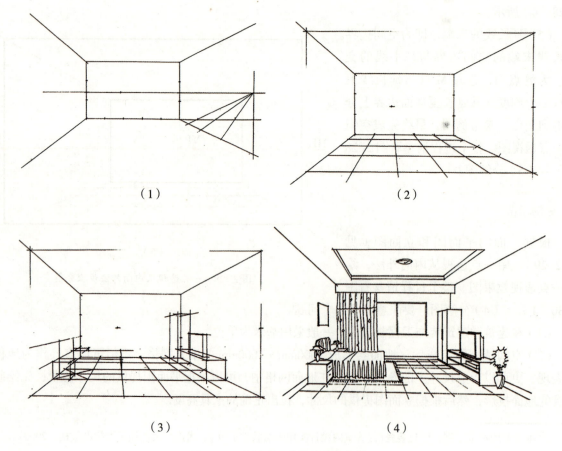

图2-30 案例透视效果图步骤分解

2.3.5 空间一点透视作图法：从外向内法

1. 基本方法示范

当空间进深相对较小时，用前面的方法就非常合适，但是如果进深很大的话，就难以控制画面的最终效果。这种情况可以尝试从外向内的方法。先把空间的外边界控制住，也就控制了最终的画面尺度，然后再往内部推进。

现在我们来画一个宽4m、深10m、高3m的空间（见图2-31）一点透视图。整个过程请参看图2-32（1）~（5）分解图。

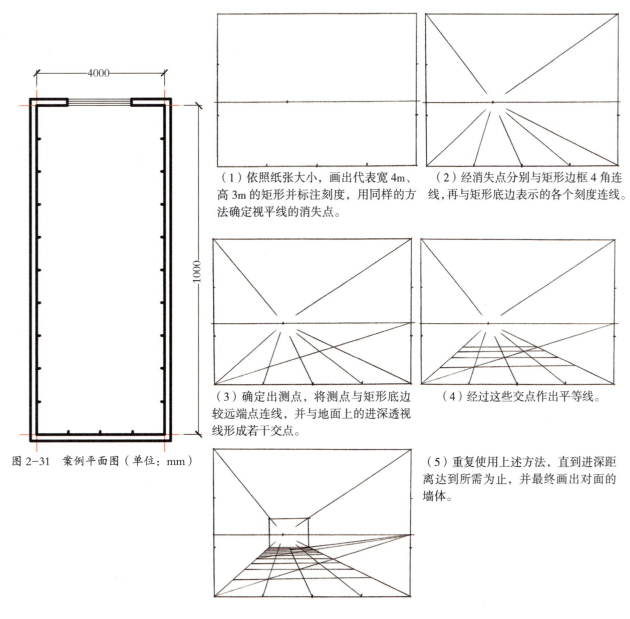

图2-31 案例平面图（单位：mm）

（1）依照纸张大小，画出代表宽4m、高3m的矩形并标注刻度，用同样的方法确定视平线的消失点。

（2）经消失点分别与矩形边框4角连线，再与矩形底边表示的各个刻度连线。

（3）确定出测点，将测点与矩形底边较远端点连线，并与地面上的进深透视线形成若干交点。

（4）经过这些交点作出平等线。

（5）重复使用上述方法，直到进深距离达到所需为止，并最终画出对面的墙体。

图2-32 一点透视从外向内法步骤分解

2. 案例示范

某酒店夹层，室内净高 2.4m，天花板分别有两根 3m 高的结构横梁（原始平面图中的虚线位置）。甲方希望把该空间设计成供贵宾、朋友暂时休息、交谈的场所。根据平面图，绘制其一点透视效果图（见图 2-33）。

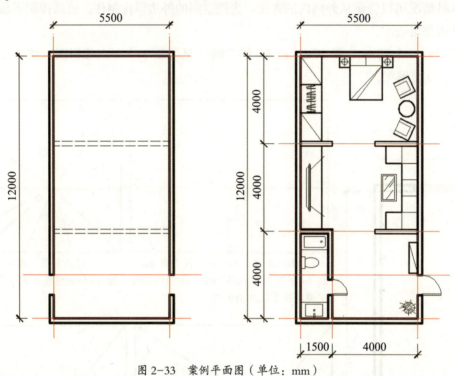

图 2-33 案例平面图（单位：mm）

（1）仔细分析平面图，首先考虑到左侧 1.5m 的区域前端是封闭的厕所，如果直接画出，在画面中该位置就是纯粹空白的墙面，没有意义，所以首先舍去这 1.5m 而只画 4m 的宽度，但是在画面中部及后部再往左延伸 1.5m。

其次，考虑到该空间进深有 12m，故舍弃最前端的 2m，只画 10m 的进深。

最后考虑到层高较低，故将视平线定在 0.75m 的高度，如图 2-34（1）所示。

（2）根据从外向内的方法，先画出空间外部边界，确定好视平线和消失点，然后往内部推进 10m，画出对面墙面，并作出地面 1m×1m 的网格。同时，画出空间中段未被墙体遮挡的 1.5m 宽度，使中部和后部空间宽度达到 5.5m，如图 2-34（2）所示。

（3）勾勒出各个家具陈设的位置、大小和透视关系，如图 2-34（3）所示。

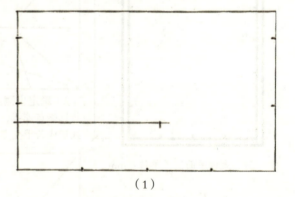

（1）

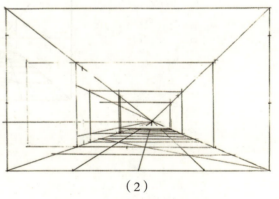

（2）

图 2-34 案例透视效果图步骤分解

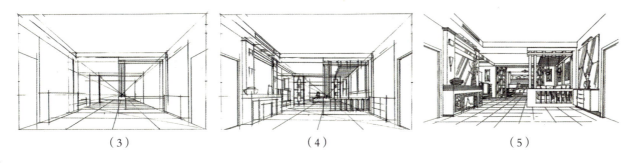

（3）　　　　　　　　　（4）　　　　　　　　　（5）

图2-34　案例透视效果图步骤分解（续）

（4）进一步细化室内装饰构件、家具陈设的细部结构，如图2-34（4）所示。

（5）适当添加光影变化，增加空间的层次感，完成最终的效果图，如图2-34（5）所示。

思考与小结：

1. 以上两种方法都可以比较科学、准确地绘制出空间的一点透视图，应根据不同的情况选用最合适的方法（进深较小的用第一种，进深较大的用第二种）。

2. 视平线、消失点和测点的位置会对画面效果产生重要的影响。如何通过调节这三个要素来创造理想的透视效果？这三个要素位置的确定，又有哪些基本的原则需要遵循呢？

2.3.6　一点透视的三大控制要素

1. 视平线（HL）

视平线的高度，就是眼睛所处的高度。视平线在画面中的上下变化，可以引起天花板和地面的宽窄变化。因此，根据需要来确定视平线的高度非常重要，这也是决定一点透视效果的第一步。

（1）视平线位置在中间偏下，地面较窄，天花板较宽，空间显得较为高大（像小孩子眼里看到的景象，普通的房间在小孩子的眼中也显得高大）。这是手绘室内空间最常采用的视平线高度，如图2-35所示。

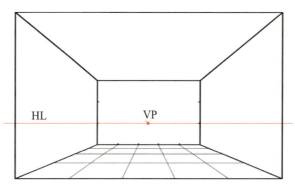

图2-35　视平线位置偏下

空间越大，越需要采用中间偏低的视平线，来衬托空间的高大开阔。例如，面积适中的居住空间，可以采用层高1/3处的视平线；而大型公共空间，可以采用层高1/4处甚至更低的视平线。

（2）视平线位置在中间，画面显得比较规整、稳重，也容易显得平淡，如图2-36所示。

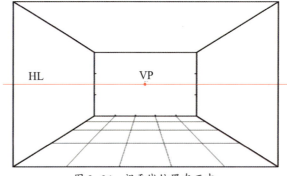

图2-36　视平线位置在正中

（3）视平线位置在中间偏上，地面较宽，天花板较窄，空间显得较为低矮。非常适合表现较小的空间，如卫生间或面积较小的餐厅，显得充实、温馨，如图2-37所示。

（4）视平线的高低还会使一些细节的表现会有所不同，如图2-38所示。

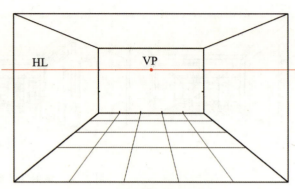

图2-37 视平线位置偏上

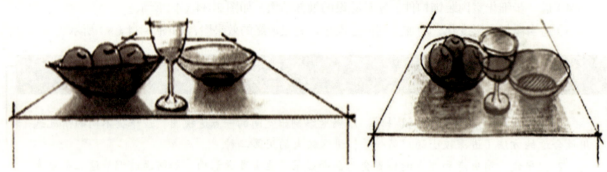

图2-38 视平线位置会影响细节的表现

2. 消失点（VP）

消失点，是透视延伸最终灭掉的端点，同时也表达了观看的角度和方向。消失点一定是在视平线上，因此绘制透视图时，首先要确定视平线，然后在视平线上确定消失点的位置。

（1）消失点影响画面效果。消失点一定在视平线上，因此只能在水平方向上改变位置，从而影响空间中左右墙体的宽窄变化。

① 消失点偏左，则右面墙体较宽，在重点表现右面墙体时采用，如图2-39所示。

② 消失点偏右，则左面墙体较宽，在重点表现左面墙体时采用，如图2-40所示。

③ 消失点居中，则左右墙体宽窄均等。适合表现对称空间，体现庄重、严肃的气氛，但也容易显得呆板、平淡。视情况采用，如图2-41所示。

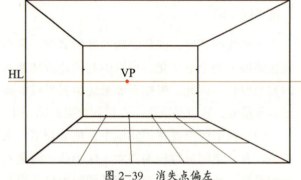

图2-39 消失点偏左

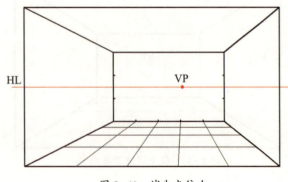

图2-40 消失点偏右

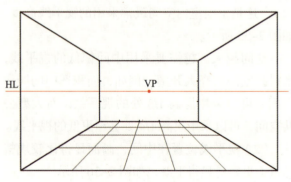

图2-41 消失点居中

思考与小结：

1. 确定视平线的高度。视平线可以上下改变位置，从而影响空间中上下两个面的宽窄。
2. 在视平线上确定消失点的位置，可以在视平线上左右移动，从而影响空间中左右两个面的宽窄。
3. 视平线和消失点配合在一起，就可以决定画面中上、下、左、右四个面的宽窄变化。

（2）消失点的确定原则。

① 消失点必须在要表现的空间范围之内。如果超出空间本身的范围，则空间内部无法正常表现，如图2-42所示。

② 消失点不能在墙面范围之内太偏的位置，如图2-43所示。

③ 正确的方法是：在与画面平行的对面墙宽中部1/3的范围内，根据需要来确定消失点的位置，如图2-44所示。

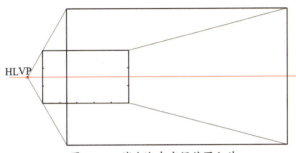

图2-42 消失点在空间范围之外

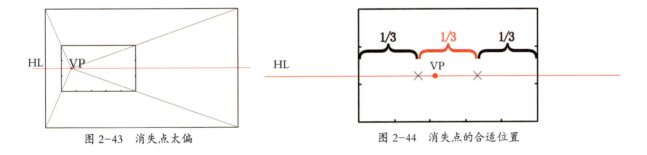

图2-43 消失点太偏　　　　　　图2-44 消失点的合适位置

3. 测点（M）

理论上，视平线和消失点已经能够对空间的透视效果起到决定作用，但在实际作图中，还涉及空间进深以什么样的比例实现近大远小的问题，这就要提到第三个控制要素——测点（M）。

为了具体了解M点的作用，我们首先假设一个基本画面，并确定好视平线和消失点的位置。在此基础上来分析几种情况。

第一种情况：由于消失点偏左，故左边墙面更窄。这时M点位于较窄的一侧，且离墙线过近。这种情况下空间进深的透视变化过大，以至于2m以后的进深几乎画不出来，如图2-45所示。

第二种情况：M点位于较宽的一侧墙面，但是离墙线过远。这种情况下空间进深的透视变化过小，影响画面效果，如图2-46所示。

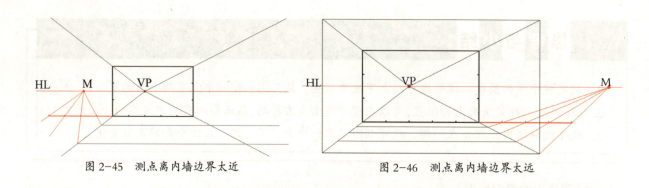

图 2-45 测点离内墙边界太近　　　　图 2-46 测点离内墙边界太远

思考与小结：

从上面两个例子不难看出，在实际作图中，即使已经确定了视平线和消失点的位置，但是 M 点位置的不同，仍会导致大相径庭的透视效果。那么到底该如何确定 M 点的位置呢？

1. M 点应该位于左右哪一侧的墙面上？
2. M 点离墙线多少距离才合适？

（1）M 点的确定原则一。

M 点最好位于较宽的那一侧墙面上。这时，进深变化适中，画面美观协调，利于空间和物体的表现，如图 2-47 所示。若 M 点位于较窄的一侧墙面上，导致进深变化过大，画面不好控制，如图 2-48 所示。

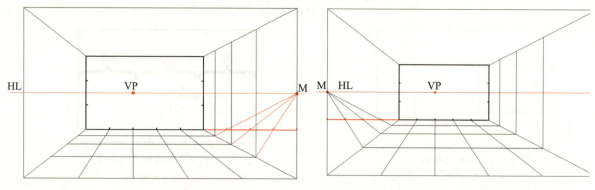

图 2-47　合适：M 点位于较宽墙面　　　　图 2-48　不合适：M 点位于较窄墙面

思考与小结：

1. 必须根据消失点的位置来确定 M 点的位置。
2. 当消失点居中时，M 点左右均可。
3. 当消失点偏向一侧时，另一侧的墙面会较宽，M 点就位于较宽的墙面上。

（2）M 点的确定原则二。

M 点离墙线的距离，应根据空间进深来确定。例如，当空间进深为 4m 时，就应当依据全图比例，将 M 点确定在离墙线 4m 的相应刻度标记上。

① M 点离墙线过近，导致透视变化过大，如图 2-49 所示。

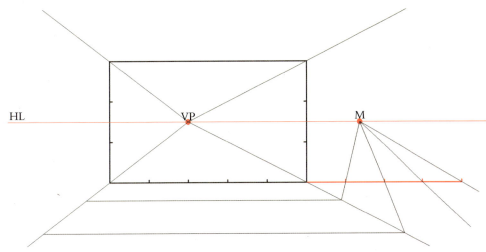

图 2-49　M 点离内墙线过近

② M 点离墙线过远，导致透视变化过小，如图 2-50 所示。

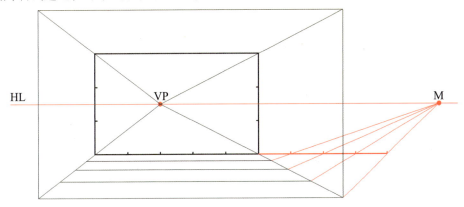

图 2-50　M 点离内墙线过远

③ M 点位置正确，空间透视变化合理，画面协调美观，如图 2-51 所示。

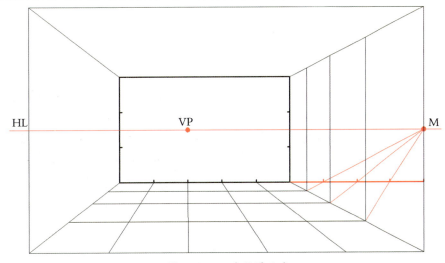

图 2-51　M 点位置正确

> **思考与小结：**
>
> 1. 在基础透视学原理和很多手绘教材中，对于视平线、消失点和测点的确定，往往没有给出明确的方法，而是用"任意确定"等描述简单带过，初学者在面对"任意"二字时难免感到疑惑而无从下手。
> 2. 室内设计师裴爱群先生经过长期的设计和教学实践，总结出了确定消失点和测点的简单实用、有理可循、操作性强的法则，即前文所详细分析的内容，为手绘教学提供了重要指导，为室内设计手绘技法做出了重要补充和完善。特此注明，并表示敬意。

2.3.7 一点透视线稿巩固练习

在开始以下练习前，可以先进行分析，找到消失点，估算空间尺度及进深，再进行临摹。先用尺子和铅笔画好初稿，注意线条不要画得太重，尤其是辅助线，能不画出来的辅助线就尽量不要画出来。最后用中性笔或钢笔描线，完成作业（见图2-52至图2-57）。

图2-52 客厅一点透视线稿一（裴爱群绘）

图2-53 客厅一点透视线稿二（裴爱群绘）

图2-54 餐厅一点透视线稿一（裴爱群绘）

图2-55 餐厅一点透视线稿二（裴爱群绘）

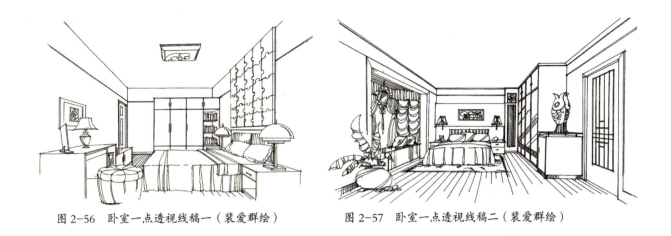

图 2-56　卧室一点透视线稿一（裴爱群绘）　　　　图 2-57　卧室一点透视线稿二（裴爱群绘）

2.4　两点透视

两点透视有两个消失点，物体与画面呈一定的角度，故也称"成角透视"。除垂直线外，物体各个面的各条平行线向两个方向消失在视平线上，从而产生两个消失点，如图 2-58 所示。

这种透视方法表现出的立体感很强，画面效果自由活泼，所反映的空间效果比较接近真实感觉，描述物体极具表现力。缺点是两个消失点在作图时显得复杂，而且角度控制不好容易产生过度变形。

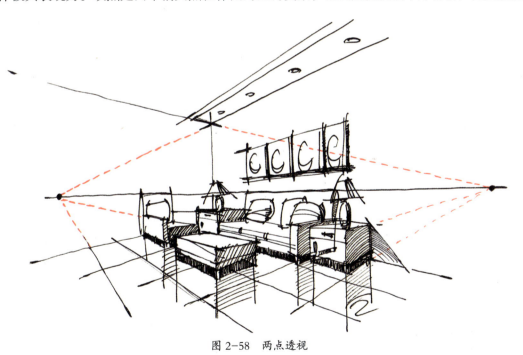

图 2-58　两点透视

2.4.1 基本特征

以形状规整、平稳放置的六面立方体为对象，两点透视的基本特征表现在以下几方面。
（1）有两个消失点，均位于视平线上。
（2）空间/物体没有与画面绝对平行的面。
（3）画面中只有三种方向的线条：绝对垂直、指向消失点1、指向消失点2。

2.4.2 两点透视的感受性练习

（1）直尺画方块的两点透视（红色为辅助线），如图2-59所示。
（2）徒手画方块的两点透视，如图2-60所示。
（3）沙发的两点透视成像分析，如图2-61所示。

将立方体具象为沙发。可以利用尺子，也可以尝试徒手画。如果觉得难度太大，可以先跳过这个练习，等后面学习沙发单体时，再回过头来练习本图。

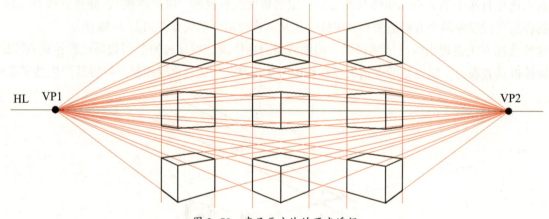

图2-59 直尺画方块的两点透视

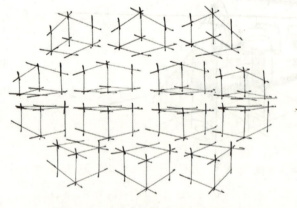

图2-60 徒手画方块的两点透视

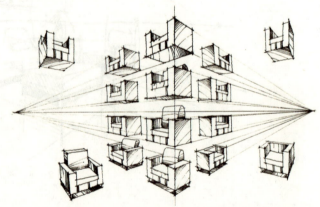

图2-61 沙发的两点透视成像分析

2.4.3 两点透视成像的几种情况

（1）视平线在物体垂直范围内，可以看到两个面。离消失点越近的面越窄，反之越宽。

（2）视平线在物体垂直范围之外，可以看到三个面。其中，视平线高于物体时，可以看到物体的上面；视平线低于物体时，可以看到物体的底面。物体的上面或底面，离视平线越近则越窄，反之越宽；与视平线同高时成像为一条直线。

（3）当在空间内部进行两点透视时，一般可以看到四个面。所以，两点透视更多地用于表现物体；表现空间时会有天然的劣势（比一点透视少呈现一个面）。

2.4.4 空间两点透视作图法

1. 基本方法示范

表现空间的两点透视效果，可以采用双向加倍法来进行绘制。在这里，也采用一个开间 5m、进深 4m、高 3m 的空间作为分析对象（见图 2-62）。具体步骤参看图 2-63（1）~（4）分解图。

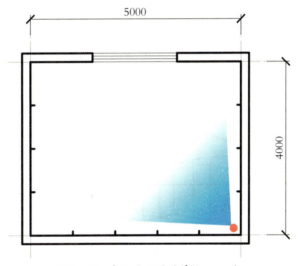

图 2-62　案例平面图（单位：mm）

（1）一点透视（平行透视）先画一个面，而两点透视（成角透视）则先画一个角，角在画面中就表现为一根线。因此，在横置的 A4 纸面的中间位置，先画一根线来代表层高。同样的，在画之前，也要先明确一下绘图比例。A4 幅面中，建议采用 1.5cm 代表现实中 1m，也就是先画一根 4.5cm 的竖线，并每隔 1.5cm 用点作一刻度标记。

在竖线底部，向左右两边绘制进深控制线。该空间在平面上是 4m×5m，所以在竖线底部向一边绘制 1.5cm×4=6cm 的横线，向另一边绘制 1.5cm×5=7.5cm 的横线，均做好刻度标记。

在竖线的合适高度确定视平线。可以画长一些。

以上步骤如图 2-63（1）所示。

（2）在视平线上确定两个消失点的位置。消失点的位置两倍墙面尺寸处。分别从两个消失点连接中间竖线的上下端点并延伸，稍微画长一些，如图 2-63（2）所示。

（3）根据前文提到的原则，确定两个测点，通过测点连接底部进深控制线的刻度，并延长至下方墙线形成若干交点，如图2-63（3）所示。

（4）从消失点进行透视线连接，完成空间的两点透视，如图2-63（4）所示。

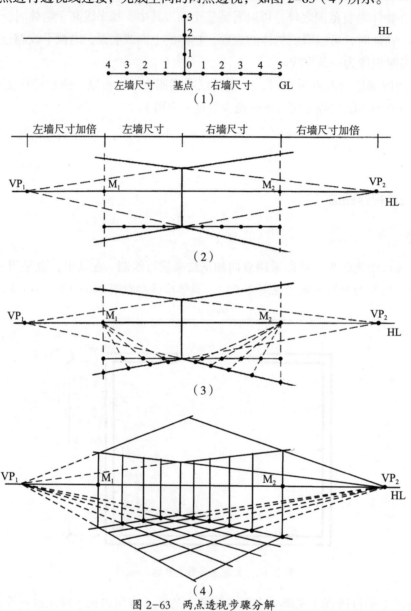

图 2-63 两点透视步骤分解

2. 案例示范一

在前面空间的基础上，参考一点透视从内向外法示范案例中的平面布置图和立面图，对本案例的两点透视空间进行内容填充，如图2-64（1）~（3）分解图所示。

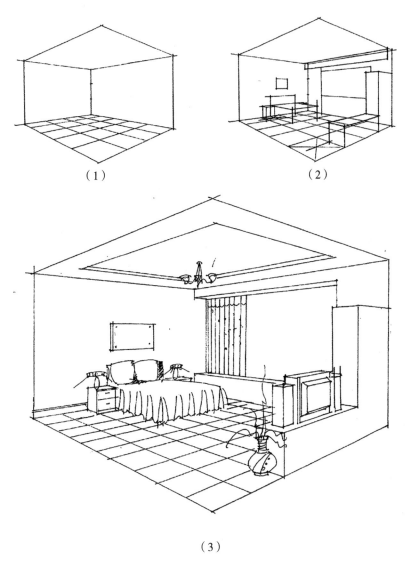

图 2-64 两点透视效果图步骤分解

3. 案例示范二

绘制本户型中餐厅位置的两点透视效果图。空间室内净高为 2.7m（见图 2-65）。画图前要先确定制图比例。

（1）画出空间净高线（注意是 2.7m），画出视平线。在视平线上净高线的左侧截取代表 5m 和 10m 的点；在右侧截取代表 3m 和 6m 的点。在 5m 和 3m 的位置画垂线，用以确定房间的左右界面，如图 2-66（1）所示。

（2）在净高线的底部绘制用于进深控制的水平线，并做好刻度标记，如图 2-66（2）所示。

（3）分别经过左右两个消失点画出空间透视，如图 2-66（3）所示。

（4）分别经过两个测点与下方进深控制线上的刻度点连接，并延长至地面边线，画出地面透视网格，如图 2-66（4）所示。

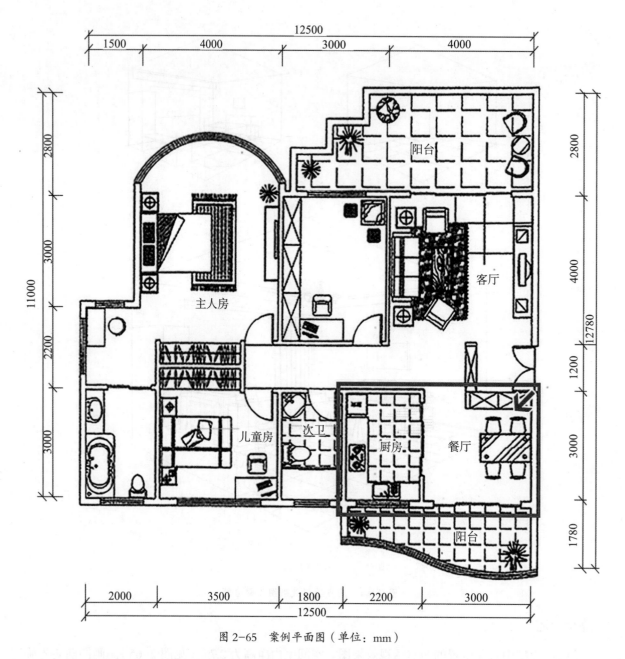

图 2-65 案例平面图（单位：mm）

（5）画出餐厅与厨房隔墙的位置和透视，如图 2-66（5）所示。

（6）画出门窗和房间内家具的基本位置。家具可以先在地面网格中画出其投影位置，再拉出高度，如图 2-66（6）所示。

（7）用中性笔或钢笔等工具勾线，完成透视效果图，如图 2-66（7）所示。

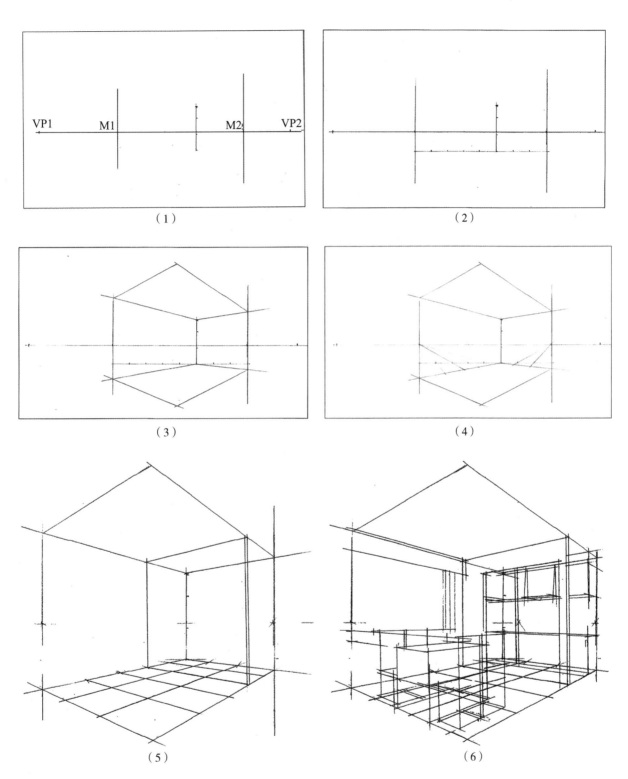

图 2-66 两点透视效果图步骤分解

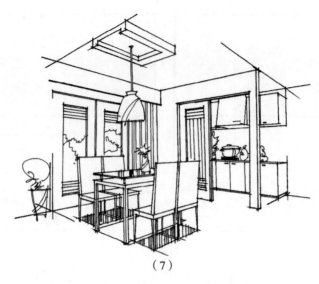

（7）

图 2-66　两点透视效果图步骤分解（续）

2.4.5　两点透视线稿巩固练习

图 2-67~图 2-71 是餐厅、酒店客房等两点透视线稿。

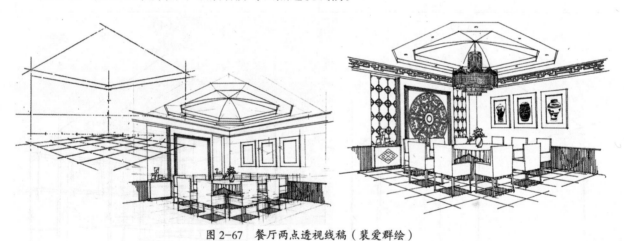

图 2-67　餐厅两点透视线稿（裴爱群绘）

图 2-68　酒店客房两点透视线稿一（雷翔绘）

图 2-69　酒店客房两点透视线稿二（雷翔绘）

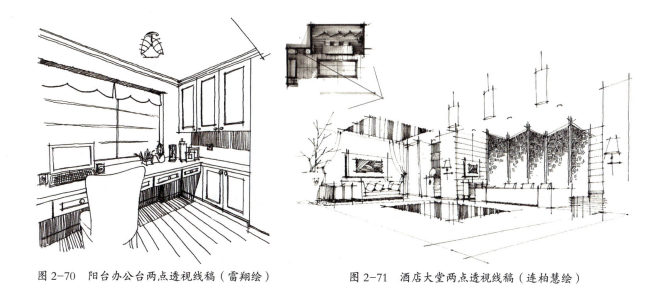

图 2-70　阳台办公台两点透视线稿（雷翔绘）　　　　图 2-71　酒店大堂两点透视线稿（连柏慧绘）

2.5　微角透视

2.5.1　微角透视的基本概念

微角透视基于一点透视进行变化而形成，是在一点透视的基础上增加一个很遥远的消失点，使画面中原本水平平行的线条略微产生透视倾斜，指向这个遥远的消失点，如图 2-72 所示。

图 2-72　微角透视

微角透视不但保留了一点透视可见五个面的重要优势，同时又兼具了两点透视所具有的活泼感和张力，弥补了一点透视略显呆板的遗憾，可以说是室内设计手绘表现中最具表现力的透视形式。

2.5.2 微角透视作图法

1. 基本方法示范

在这里也同样用开间5m、进深4m、高3m的空间作为示范,如图2-73所示。

(1)用一点透视的方法画出该空间的一点透视效果图,找到A、1′、2′、3′这4个点。此时地面网格千万不要画得太重,尤其是水平方向的网格线和有些辅助线可以不用画出来,如图2-74(1)中的红色细线都可以不用画,只需要用尺子比好,然后找到相应的点即可。

(2)选择对面墙的一侧进行微角偏移(角度不要过大)。图2-74(2)中选择的是右侧,先从B作一根略微往内倾斜的线交右下墙线于e点;从e点出发完成新的具有微角倾斜的新墙面,并且擦除原有的墙面(所以此前一定要画轻一些)。

(3)连接A和e,找到AB线的中点M,连接VP与M,交Ae线于O,然后分别从1′、2′、3′、4′出发连接O,并延长得到d、c、b、a这4个交点,如图2-74(3)所示。

(4)最后,完成微角透视图的绘制,如图2-74(4)所示。

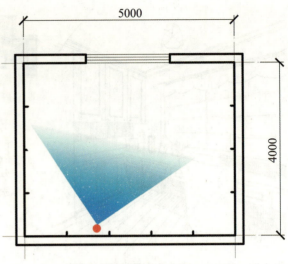

图2-73 案例平面图(单位:mm)

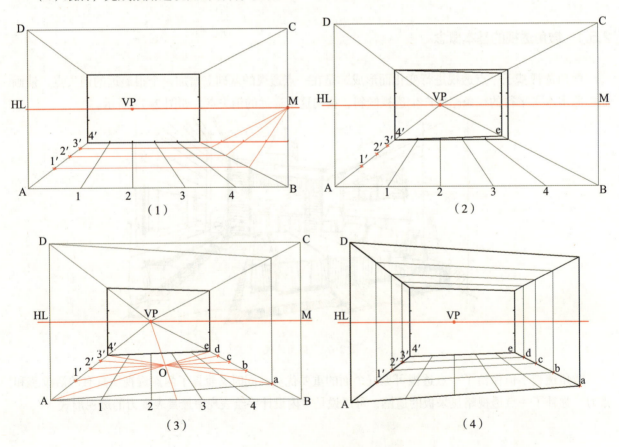

图2-74 两点透视步骤分解

思考与小结：

经过这么多的绘图练习后，我们可以看到：为了准确绘制透视效果图，往往要绘制很多辅助线。如果将辅助线画得太重，后面很难擦得干净，不但影响最终效果，甚至可能会弄破纸面，所以要注意以下几点。

1. 作为初学者，在起稿阶段，任何一个线条都尽量画轻一些，看得清就行。
2. 经验丰富以后，画每一根线条前都清楚其作用，是形体本身的线条就画得清楚一些，是辅助线就尽量画轻一些。
3. 一些为了得到交点的辅助线可以不用画出来，只需要用尺子对准位置，直接在需要的位置找到交点进行标记即可。

2. 案例示范

将一点透视从内向外法示范案例变形为微角透视效果图，如图 2-75（1）至（4）所示。

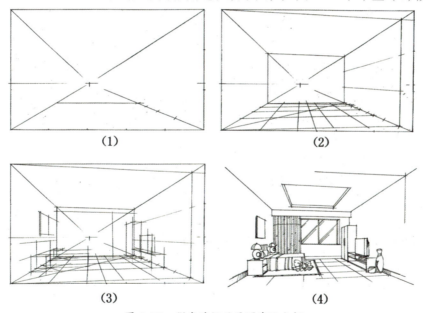

图 2-75　微角透视效果图步骤分解

思考与小结：

1. 完成上面的练习后，将一点透视和微角透视绘制的同一空间效果图放在一起对比，可以很清楚地看到两种透视形式的效果。
2. 一点透视较稳重、冷静、严肃，微角透视较为活泼、轻快、表现力强。在以后的设计实践中，要根据需要选择合适的表现形式。

2.5.3 微角透视线稿巩固练习

掌握了微角透视的原理和基本作图法之后，要多加练习。进行室内设计微角透视线稿的巩固练习，可参照图 2-76 至图 2-80 的线稿作品。

图 2-76 客厅微角透视线稿一（雷翔绘）

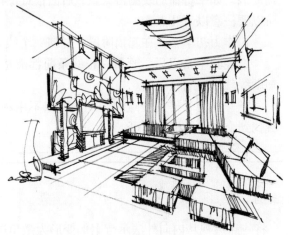

图 2-77 客厅微角透视线稿二（雷翔绘）

图 2-78 卧室微角透视线稿（雷翔绘）

图 2-79 宴会厅微角透视线稿（雷翔绘）

图 2-80 酒店中庭微角透视线稿（高维春绘）

思考与小结：

至此，关于透视理论和技法的学习就告一段落了。以下有几个问题要再明确一下。

问题1：我们已经学习了全部的透视学吗？

透视学是一门复杂的学科，这里只是将其中有助于更准确进行室内设计手绘的部分提炼出来进行学习，并针对室内设计手绘的特点进行一些限定和补充。

问题2：我们学习了透视作图法，是否意味着以后每次进行室内设计手绘表现，都要严格按照这些步骤来绘图呢？

不是的。学习透视作图法，是一步一个脚印、学习走路的过程。其次，对初学者而言，需要的是步骤清晰、条理分明的动作分解，这样学习起来就容易把握。如果什么都要靠学生自己去"悟"，学习效率未免太低。学习透视作图法，就是帮助学生深入理解透视原理。一旦这个基础打牢，以后徒手表现时就能胸有成竹。

问题3：我们为何一直用尺规作图？

到目前为止，我们都是利用尺规和铅笔作图，目的是帮助大家将透视原理理解透彻。在后面的学习中，我们就要尝试脱离尺子、铅笔和橡皮的帮助，开始练习徒手手绘。但是，在绘制精细效果图表现的时候，还是可以借助尺规。

任务三　基本技法

学习任务关系图		
3.1　绘制线稿的基本技法	3.1.1	握笔和作画的姿势
	3.1.2	手绘线条的笔法
	3.1.3	手绘线条的类型
	3.1.4	练习线条的方法
3.2　手绘上色技法	3.2.1	彩铅技法
	3.2.2	马克笔技法
	3.2.3	家具单体上色分析
	3.2.4	不同材质上色分析
	3.2.5	客厅手绘效果图上色分析
	3.2.6	卧室手绘效果图上色分析
	3.2.7	办公室手绘效果图上色分析
	3.2.8	餐厅手绘效果图上色分析

学习目标分析	
知识目标	1. 理解技法在手绘学习中的作用和意义；
	2. 理解线条和色彩对整体画面产生的影响。
技能目标	1. 初步掌握使用彩铅上色的基本技法；
	2. 初步掌握使用马克笔上色的基本技法；
	3. 初步掌握家具单体上色的基本技法；
	4. 初步掌握完整室内效果图上色的基本技法。

3.1　绘制线稿的基本技法

　　室内设计手绘效果图基本分为两个阶段，即线稿阶段和上色阶段。线稿就是由一根一根的线条所组成的，线条的质量直接决定了整个画面的质量，可谓极其重要。

3.1.1 握笔和作画的姿势

正确的握笔姿势是练好线条的保障。对于初学者来说，最容易忽视的就是姿势问题，拿笔要么太高、要么太低；握笔要么太用力、要么软绵绵；画线时只动手腕，整个手臂死死摁在桌上不动；身体坐不端正，或者干脆趴在桌上画画；等等，都是常见的错误姿势。

正确的握笔姿势请仔细对照图3-1。在这里特别提醒：画线时，尤其是较长的线，手臂一定要抬起一点，通过整个手臂的移动来画线，这样才能保证线条的流畅和笔直。另外，画线时不要过度用力、全身紧绷，要尽量放松，那么画出的线也会更加自如、更有活力。

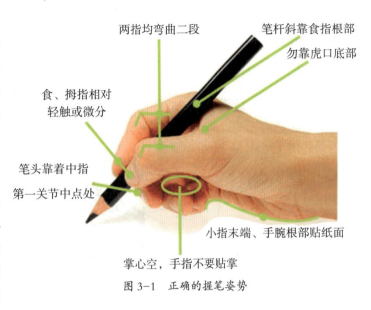

图 3-1　正确的握笔姿势

> **思考与小结：**
>
> 同学们可以反复对比手臂整体移动和单单动手腕两种画线的方法，看看分别会对线的走向产生什么影响。

3.1.2 手绘线条的笔法

应该说，手绘线条没有统一的标准，每个人的性格和绘画风格不同，在手绘线稿阶段就是体现在线条上。但是作为初学者，我们可以先尝试一种方法，这种方法可以帮助我们方便、快速地绘制出具有表现力的线稿作品。简单地说，手绘的线条尽可能要首尾肯定（顿笔），尽量不要虚进虚出（局部或特殊效果可以虚进或虚出），不要拖泥带水。如何做到首尾肯定呢？

首先，要求在每一根线条从开始落笔到画完起笔，都要在纸面上轻轻小幅度来回拉几下。这种顿笔的方法会形成一小段颜色较深、较肯定的部分。

此外，在绘制形体的过程中，线条与线条的连接处，要彼此略微出头，不要每次都"恰到好处"，更不能留空（见图3-2）。

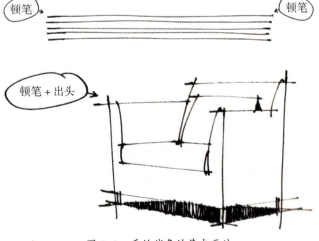

图 3-2　手绘线条的基本画法

思考与小结：

为什么要尽量做到每一根线条都首尾肯定（顿笔）？主要有两个好处。

1.使刻画的形体显得扎实。

我们可以仔细观察一下手绘线稿，所有的形体都是靠线条来描述的。如果线条本身软弱无力、飘忽不定，就很难去塑造具有体积感和重量感的物体。因此，如果线条的首尾都得到加重，并且互相略有出头，那么线条之间的连接处就好像用绳子反复捆扎过一样，形体的表现就会显得很扎实（见图3-3）。

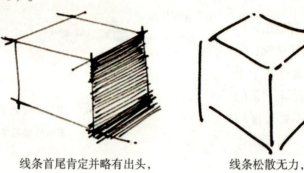

线条首尾肯定并略有出头，　　　　线条松散无力，
结构扎实、表现力强　　　　　　结构也同样松散无力

图3-3　线条对结构塑造有重要影响

2.保证线条方向的准确。

在准备开始画线时，笔在纸上先来回拉两下，可以利用这个时间先明确好线条的走向，做到心中有数、方向明确。如果一味求快，每一根线条都毫无停顿地画过去，肯定会有很多线出现问题。线的问题多了，整个作品的质量就大大降低了。因此我们可以多去网上看看手绘的教学视频，很多手绘大师在画线时，都要来回拉两下，找一找线条的走向，然后再画出肯定、有力的线条。

这种技法，同学们在开始的时候肯定是很不习惯的，感觉每画一根线都要比划半天，疑惑这样是否反而降低了绘图速度。这种疑虑要打消，现在速度很慢，是因为还没有养成习惯，还不够熟练。只要坚持下去、形成习惯，线条表现力和作品的整体质量都会因此提高。

3.1.3　手绘线条的类型

（1）以受训练的熟练程度划分，可以有外行线、初学者线、熟练的线三种，如图3-4所示。

①外行线——没有目的性，无意识，飘忽不定，非常犹豫。

②初学者线——基本能控制方向，但要么过于用力，要么软弱无力，不流畅，不自然。

③熟练的线——目标明确，潇洒自如，准确又美观。

（2）以画线的快慢速度划分，有快直线、较慢的直线、很慢的直线三种，如图3-5所示。

①快直线——挺拔、笔直、有力、干脆，如绷紧的琴弦。

②较慢的直线——松弛、舒展、抖动频率小、幅度大，如轻风下的蜘蛛丝。

③很慢的直线——缓慢地前进，自然地高频率抖动，中间甚至可以断开，停下后再接着画。

（3）以线的形态划分，有直线、弧线、曲线、圈线等，如图3-6所示。

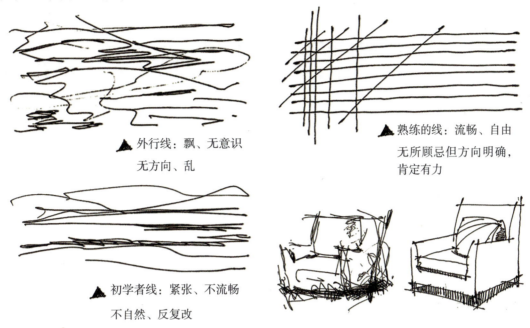

图3-4　线条的不同熟练程度

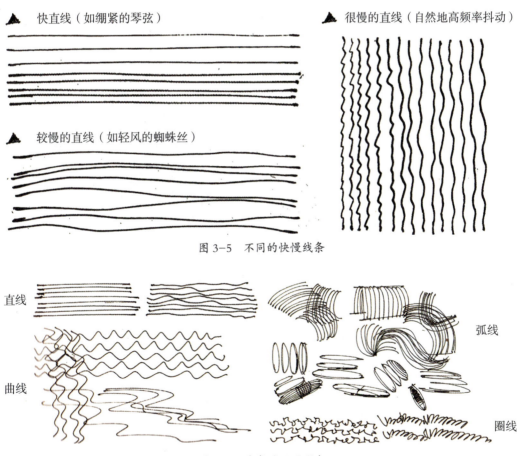

图3-5　不同的快慢线条

图3-6　线条的不同形态

在进行室内设计的手绘表现时，必须研究描绘对象的形式和性质，不同的对象在线的运用上也要有所区别、有意识地加以区分。例如，坚硬的物体用线要直挺些，柔软的对象要圆润、舒展些。

思考与小结：

手绘的快速表现，是不是意味着每一根线条都要画得很快、一根接一根不停地画、最好不要停顿呢？其实并非如此。

1. 即使是手绘大师，也并不是像机器一样不停地飞速地画，而是每画一根线前，都做到心中有数，下笔后还要小幅度地来回拉两下，明确线条走向，然后再拉线。每根线都目标明确、绘制准确，绘图的整体速度就得到了保证。
2. 并不是每一根直线都要求是快直线。整个画面中的线条有快有慢、有紧有松、有粗有细、有直有曲，画面的整体效果才富有变化而具有更强的表现力，如图3-7所示。

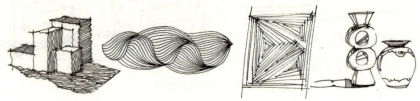

图3-7　选用不同形态的线条塑造画面

3.1.4　练习线条的方法

1. 随手练习

利用空闲时间和一切可以画线的草稿纸、复印纸，尤其是使用过的、没有用处的纸，随手进行线条的练习。练习的时候一定要运用前面学习过的手绘线条的技法，而且要注意兼顾不同类型的线条，如快直线、较慢的直线、很慢的直线、长线、短线、横线、竖线、斜线、波浪线、折线都要反复地练习，如图3-8所示。

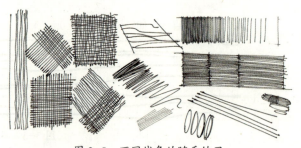

图3-8　不同线条的随手练习

除了各类草稿纸外，这里还可以推荐一种很好的练习用纸：旧报纸。报纸上的文字整齐而密集，尝试在每行文字间画线，可以很直观地把握线条的方向和笔直程度。

2. 直线练习

（1）控制直线起笔与收笔的练习（见图3-9）。
（2）较长的竖线练习，同时也可以作为横线练习（见图3-10）。

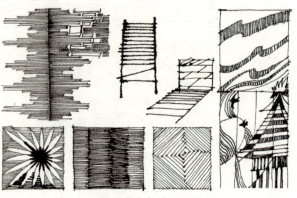

图3-9　控制直线起笔与收笔的练习

（3）斜线练习。尽量尝试各种角度的直线画法（见图3-11）。

图3-10 较长的竖线练习

图3-11 斜线练习

 思考与小结：

  练习到这里，我们不难发现，画向右上方向的斜线是最轻松、最舒服、最容易把握的。这提醒我们，有时候有些线实在没有把握画好、画直的时候，不妨把画纸旋转一下，让这根线条的方向指向右上，就更容易画好了。但是作为线条练习的时候千万不要偷懒，一定要坚持练习各个方向线条。

（4）网格练习（见图3-12、图3-13）。

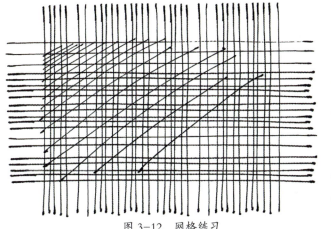

图3-12 网格练习

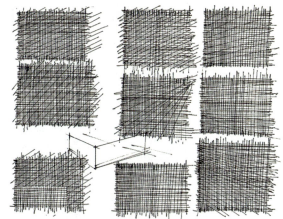

图3-13 网格随手练习

（5）蜘蛛线练习。练习时尽量不要旋转画纸（见图3-14）。

（6）回字练习。也可以尝试一笔连续画，像连续画"回"字一样（见图3-15）。

（7）更为复杂的直线练习（见图3-16至图3-20）。

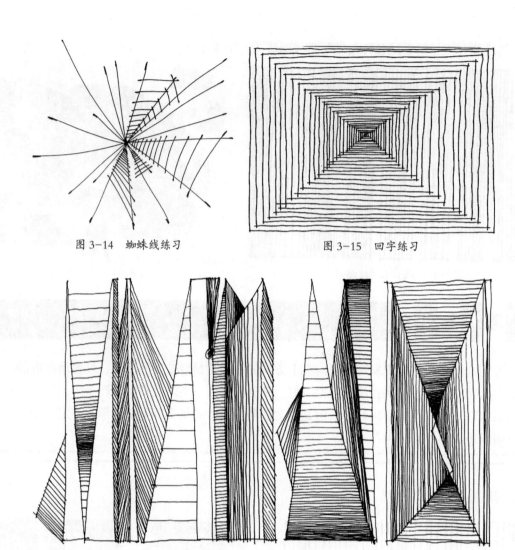

图 3-14 蜘蛛线练习　　图 3-15 回字练习

图 3-16 更为复杂的直线练习一

图 3-17 更为复杂的直线练习二　　图 3-18 更为复杂的直线练习三

图 3-19 更为复杂的直线练习四　　　图 3-20 更为复杂的直线练习五

3. 曲线及其他线条练习

手绘中的线条以直线为主，但各类曲线、折线以及其他特殊线条的合理运用，可以给画面带来丰富的视觉效果。这类线条的练习没有什么固定的方法，唯有坚持随手练、随时练，才能得心应手（见图 3-21 至图 3-25）。

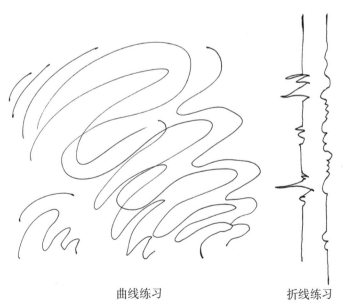

　　　曲线练习　　　　　　折线练习

图 3-21　曲线及其他线条练习一

图 3-22　曲线及其他线条练习二

图 3-23　曲线及其他线条练习三

图 3-24　曲线及其他线条练习四

图 3-25　曲线及其他线条练习五

4. 调子练习

所谓调子,简单来说就是通过排线的方法表现光影的过渡和变化。跟素描的道理一样,要表现出一个物体或空间的体积感,就需要通过明暗的区分来形成不同的调子,如图 3-26 所示。

而在手绘线稿中,调子也是通过不同线条的排列组合来营造的,如图 3-27 所示。

(1)退晕练习(见图 3-28 和图 3-29)。

(2)各种调子的表现(见图 3-30 至图 3-32)。

图 3-26 素描中的调子

图 3-27 手绘线稿的调子

 直线退晕

 曲线退晕

 点退晕

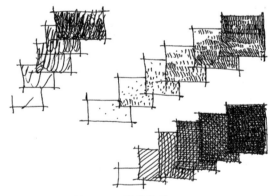

分格退晕　　　　渐变退晕

图 3-28 退晕练习一　　　　　　　　　　图 3-29 退晕练习二

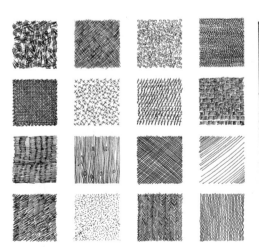

图 3-30 各种调子的表现一　　　　　图 3-31 各种调子的表现二

图 3-32 各种调子的表现三

5. 质感练习

不同的材质会表现出不同的表面质感和肌理效果，恰当的质感表现，对画面的整体效果有重要的影响。图 3-33 列举了部分材质的表现效果。此外，还有大量的其他材质效果，而且每种材质的表现方法也可以多种多样。因此，不可能通过一个练习就解决所有的材质表现问题，这需要我们在日常生活中注意观察，持续研究，勤加练习。

6. 综合性线条练习

经过一段时间的线条练习后，我们对线条的表现有了一定的把握，这时可以尝试一些综合性的练习，甚至是一些手绘小品，可以帮助我们从枯燥无味的基础练习中找到更多的学习乐趣，如图 3-34 至图 3-37 所示。

这些练习开始涉及简单的几何体和日常物品，所以千万不要忘记对透视关系的正确把握。

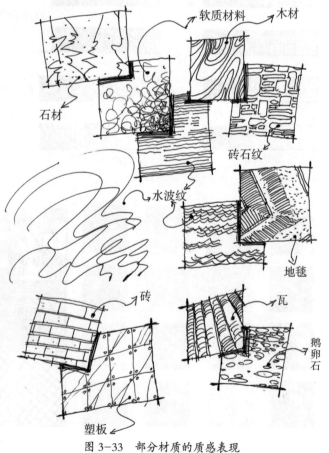

图 3-33 部分材质的质感表现

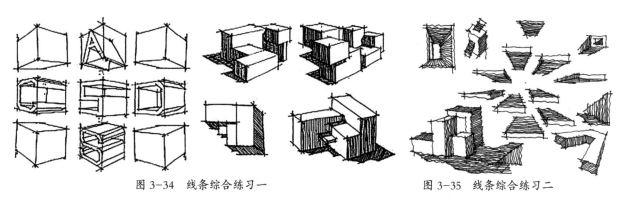

图 3-34 线条综合练习一　　　　　　　　　图 3-35 线条综合练习二

图 3-36 线条综合练习三　　　　　　　　　图 3-37 线条综合练习四（赵杰绘）

3.2　手绘上色技法

　　上色是手绘的又一道难关。当同学们好不容易摆脱了对尺子的依赖，可以徒手绘制漂亮的线稿后，往往在上色这个阶段又变得一筹莫展。那么该如何学习上色呢？主要从两个方面入手。

　　（1）要了解相关的色彩知识。色彩的知识绝不仅仅局限于它的的名字，如红色、蓝色、绿色等，而是涉及一个相互关系的知识体系。例如，原色、补色、色彩三要素（色相、纯度、明度）、色彩的冷暖等，这是另外一门色彩课的内容，请同学们务必花时间去了解和消化。学习色彩时要掌握一定的色彩搭配技巧，掌握一个画面多种颜色的协调统一，等等。当给一个线稿上色的时候，就算运用彩铅和马克笔的技法无可挑剔，但最终的画面效果却感觉很乱，或颜色很土，这实际上就是缺乏对色彩的把控力，缺乏色彩搭配的经验。

　　（2）要掌握工具的用法和上色技法。无论是彩铅、马克笔，还是水彩、水粉，都有相应的操作方法，务必要勤于练习。

3.2.1 彩铅技法

彩铅的优点是上色比较容易掌握，灵活性较大，色彩柔和（见图3-38和图3-39）；缺点是颜色没有马克笔明亮、通透，在实际绘图中，一般与马克笔配合使用（见图3-40）。

图3-38 彩铅技法的随手练习

图3-39 采用彩铅上色的设计方案效果图（刘宁绘）　　图3-40 彩铅配合马克笔的设计方案效果图（连柏慧绘）

3.2.2 马克笔技法

1. 基本特点

马克笔是目前最主流的手绘上色工具，其特点是色彩干净、明快、鲜艳，表现力强，上色速度快；缺点是技法上有一定难度。

马克笔上色讲究快、准、稳，跟画线条很像，每一笔下去都要目的和方向明确；速度要快，一笔过去干脆利落；手臂移动要稳定，不要软弱无力。此外，马克笔的笔触可以叠加（推荐油性马克笔），叠加后颜色会深一层，形成丰富的笔触效果（见图3-41），但尽量不要超过三层，否则画面发腻、显得脏。

图 3-41 马克笔上色的设计方案效果图（广东星艺装饰供稿）

2. 工具

马克笔每一种颜色都有编号，即色号。推荐同学们选购的 Touch 马克笔色号见表 3-1。这 60 种颜色是按照红橙黄绿青蓝紫的色相，根据不同的明度来配的。也就是说每一种颜色，都可以用马克笔表现出亮、灰、暗三个明度层次。可以在购物网站上直接选购"室内设计 60 色"或"室内设计 80 色"马克笔。

建议大家无论是使用彩铅还是马克笔，都尽量少用纯度太高、太鲜艳的颜色。Touch 马克笔有专门的灰色系列，按冷暖关系分为 WG（暖灰）和 CG（冷灰），还有 BG（蓝灰）和 GG（绿灰），非常直观和方便。

表 3-1 马克笔推荐色号（室内手绘适用）

Touch马克笔的色号					
1	9	12	14	24	25
42	43	46	47	48	50
51	55	58	59	62	67
69	70	76	77	83	92
94	95	96	97	98	100
101	103	104	107	120	141
144	146	169	172	185	WG 1
WG2	WG3	WG4	WG5	WG7	BG 1
BG3	BG5	BG7	CG 1	CG2	CG3
CG4	CG5	CG7	CG9	GG 3	GG5

3. 基本技法

（1）平移。平移是最基本、最常用的技法。下笔的时候，一定要把笔头完全压在纸面上，然后看准方向快速画出，抬笔时快速抬起（不要顿久）。

（2）线。用笔尖画较细的线。技法与平移相同。线用于过渡不要多，一根两根即可，多了则会显得琐碎。

（3）点。主要用来处理一些细节，起到画龙点睛、突出质感的作用，如植物、地毯等。也可以用点在大面积色块中进行点缀，起到活跃气氛的作用。

（4）扫笔。在平移后非常快地抬笔，形成尾部虚化的效果，这种技法要根据需要采用，并且不能大面积使用，否则画面会显得乱、显得虚。

（5）斜推。用于处理菱形的位置，可以通过调整笔头的斜度来处理出不同的宽度和斜度。

（6）蹭笔。蹭笔就是用来回蹭出一个面，这样笔触不明显，色彩过渡更柔和。

（7）加重。用深色对画面中阴影、暗部、明暗交界、倒影、特殊材质（如反射率高的玻璃、金属等）进行加深处理，使画面拉开层次、对比强烈。但是加深一定要慎重，否则容易使画面深色太重而无法修改。

（8）提白。提白的工具是修正液和提白笔。提白的目的是突出高光，如光滑材质、水体、灯光和交界线亮部结构处，或对于颜色过深、过于沉闷的地方进行点缀，这对刻画形体有极大的帮助。提白笔要用在彩铅之前，修正液则可随时使用。提白不可滥用，一定要用在关键的地方。

以上技法如图3-42至图3-44所示。

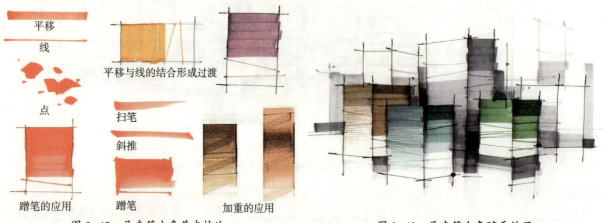

图3-42　马克笔上色基本技法　　　　　　图3-43　马克笔上色随手练习

图3-44　修正液和提白笔的用法

3.2.3　家具单体上色分析

我们可以把任何家具单体理解为一个立方体，分析其受光面和背光面，总结出高光、灰调、明暗交界、反光和投影这几个调子。理解了这几个概念，上色其实很简单，就是用同一种色调不同明度的马克笔，对物体进行调子的刻画（见图3-45）。通常使用三四支马克笔，就可以非常好地刻画出一个物体。

因此，我们在上色前千万不要着急，不要随便拿起马克笔或彩铅就漫无目的地上色，可以先分析该物体采用哪种色调，例如，暖灰、冷灰、蓝灰或绿灰，或者红色系、黄色系、褐色系、绿色系等；然后找到该色调的亮、中、暗三支或四支马克笔。找好以后，根据物体的受光情况，可以很方便地对物体进行刻画。同时，再注意一下马克笔的笔法问题，然后可以选择是否用彩铅进行局部补充，上色就完成了。

图 3-45　利用明暗关系刻画形体（连柏慧绘）

1. 沙发上色

以沙发为例。假如我们选择冷灰色调，那么就可以先找好 CG1、CG3、CG5、CG7 这 4 支马克笔。首先用 CG1 大面积平铺（注意此时涂色面积可以大，但不一定要全部涂满，可以稍有留白。颜色越深，越要注意留白的问题）。第二层用 CG3，此时就要讲究一点笔法了（因为颜色较为明显了）。重颜色的 CG5 要谨慎使用，马克笔真正的精髓都是在重颜色的用法上，只要掌握好用法与用量，重颜色才是整个画面最出效果的地方[①]。最后，可以用 CG7 来画阴影部分（见图 3-46）。

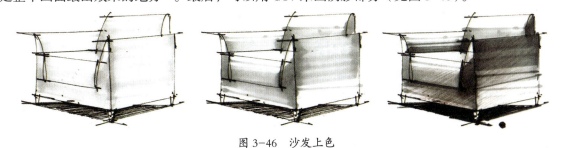

图 3-46　沙发上色

2. 床头柜上色

床头柜本身就是立方体造型。在上色时，同样选择好一个色调，然后找到该色调不同明度的马克笔，再根据受光情况进行上色，刻画出物体的素描关系。在图 3-47 中，选择了 97 号和 96 号两支马克笔，利用平涂、蹭笔等方法，完成了明暗关系的刻画。需要注意柜子上表面反光效果的表现。这种留白的手法，可以运用在各种光亮物体表面的刻画上，方法简单又效果明显。

---

① 杜健、吕律谱：《30 天必会室内手绘快速表现》，32 页，武汉，华中科技大学出版社，2016。

图 3-47 床头柜上色

3. 床上色

床的素描关系也非常单纯，但是床单的褶皱部分需要有一定的表现力（见图 3-48）。

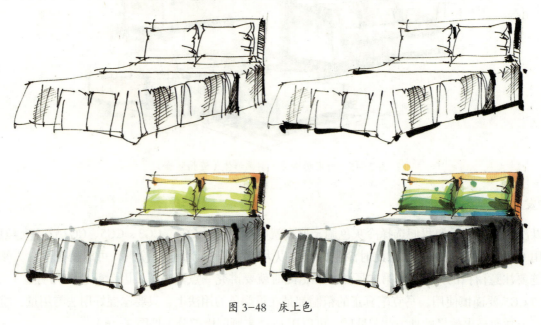

图 3-48 床上色

4. 窗帘上色

窗帘上色一般有两层颜色即可。跟床单一样，用重颜色画在褶皱处（见图 3-49）。

图 3-49 窗帘上色

3.2.4 不同材质上色分析

地面常见的铺贴材料有瓷砖、木地板、地毯等（见图 3-50）；墙面主要有乳胶漆、壁纸等（见图 3-51）。此外，还有玻璃、镜面、金属、木材等不同的材质（见图 3-52）。

（1）瓷砖属于反光强烈的材质，需要用强烈对比的笔触来塑造。注意倒影的笔触方向通常是垂直向下的。

（2）木地板分亮光和亚光两种，但即使是亮光的木地板，也达不到瓷砖的反射效果，因此笔触要更加柔和一些。

（3）地毯则需要塑造出毛绒及纹理的质感。

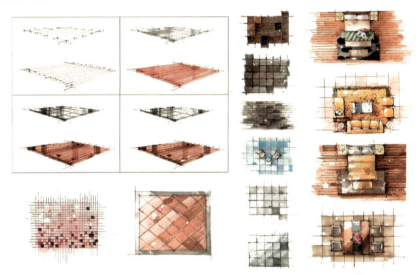

图 3-50 地面材质上色

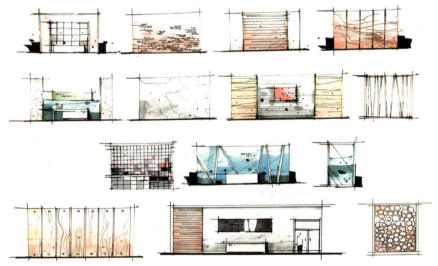

图 3-51 墙面材质上色

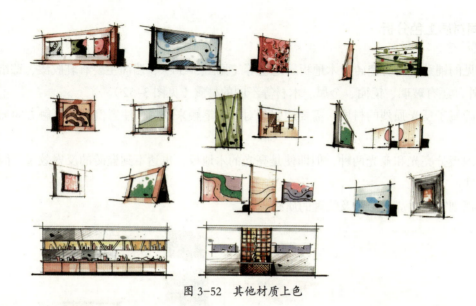

图 3-52 其他材质上色

3.2.5 客厅手绘效果图上色分析

1. 绘制客厅线稿

绘制客厅线稿时需注意透视关系。注意沙发、茶几和电视之间的对应关系,如图 3-53 所示。

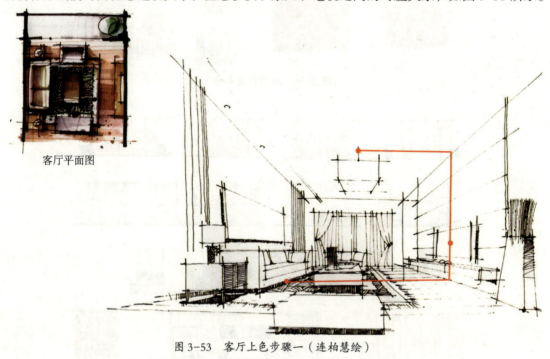

客厅平面图

图 3-53 客厅上色步骤一(连柏慧绘)

2. 将沙发、茶几、柜子等物体的明暗关系表达出来

一种物体通常是一个色调,选择好该色调不同明度的马克笔进行素描关系的塑造即可,如图 3-54 所示。

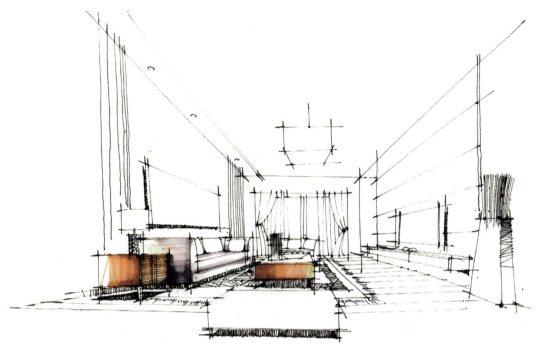

图 3-54 客厅上色步骤二（连柏慧绘）

3. 对木地板和墙面进行刻画

这一步骤下笔要干脆，注意留白，如图 3-55 所示。

图 3-55 客厅上色步骤三（连柏慧绘）

4. 进一步刻画细节，完成上色

最后一步完成上色，如图3-56所示。

图3-56 客厅上色步骤四（连柏慧绘）

3.2.6 卧室手绘效果图上色分析

1. 绘制卧室线稿

绘制卧室线稿需注意两点透视的把握，在线稿中表现一定的素描关系，如图3-57所示。

图3-57 卧室上色步骤一（吕律谱绘）

2. 确定物体的基本色调

注意不要使用太多的红色,因为马克笔的红色比较鲜艳,大面积使用要慎重;使用黑色可以快速地形成强烈的对比效果,但也要点到为止,如图3-58所示。

图3-58 卧室上色步骤二(吕律谱绘)

3. 进一步刻画细节,加深暗部

这一步骤要特别注意笔触,如图3-59所示。

图3-59 卧室上色步骤三(吕律谱绘)

4. 用彩铅、修正液进行最后的丰富和调整

最后一步用彩铅和修正液进行色彩的丰富和调整，完成效果如图 3-60 所示。

图 3-60　卧室上色步骤四（吕律谱绘）

3.2.7　办公室手绘效果图上色分析

1. 绘制办公室线稿

绘制办公室线稿应注意构图，如图 3-61 所示。

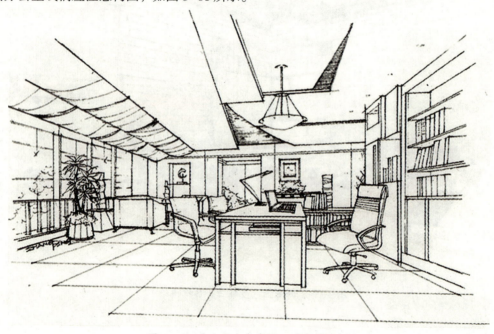

图 3-61　办公室上色步骤一（张屏绘）

2. 铺出天花板和地面的基色

要注意尽量整体地去表现天花板和地面的基色，笔触要连贯、自然、流畅，如图 3-62 所示。

图 3-62　办公室上色步骤二（张屏绘）

3. 对家具进行刻画

注意在画每一个物体之前，要分析其基本色调。找好这一色调不同明度的马克笔后，再开始上色，如图 3-63 所示。

图 3-63　办公室上色步骤三（张屏绘）

4. 进一步刻画细节，调整整体色调

最后用彩铅丰富画面。注意大理石的刻画，如图 3-64 所示。

图 3-64　办公室上色步骤四（张屏绘）

3.2.8　餐厅手绘效果图上色分析

1. 绘制餐厅线稿

绘制餐厅线稿应注意明暗关系的刻画，形成黑白对比的画面效果，如图 3-65 所示。

图 3-65　餐厅上色步骤一（赵杰绘）

2. 确定基本风格和基本色调

　　上色前要明确餐厅的装饰风格和基本色调，可以从主要色调入手进行上色。第一遍不要着色过多，也不要对比过强；要注意留白，为后面的细节刻画留出余地，如图3-66所示。

图 3-66　餐厅上色步骤二（赵杰绘）

3. 进一步丰富画面

　　要注意不要使用太多种类的颜色，尤其是太多对比色；要多使用相近色，保证整体色调的和谐统一，如图3-67所示。

图 3-67　餐厅上色步骤三（赵杰绘）

4. 刻画细节，完成上色

最后一步对细节进行刻画，完成效果如图 3-68 所示。

图 3-68　餐厅上色步骤四（赵杰绘）

案例实践篇

　　室内设计手绘表现是一门实用技能。技能的养成，离不开科学合理、循序渐进、同时又有一定强度的持续练习。经过前面的学习，我们基本了解了手绘类型的特点，明确了手绘学习的基本途径和方法，理解并掌握了透视原理和基本的作图方法，并且初步掌握了徒手画线条和工具上色的核心技法，应该说对于手绘，我们已经不再陌生，不再是"门外汉"了。那么，我们是否可以认为自己完全掌握了室内设计手绘这个技能呢？显然还不能这么自信。我们还缺乏大量的、持续的、反复的练习，缺乏应对各种对象、各种环境、各种功能和审美需要的丰富经验，缺乏想法和笔法之间的那座"桥梁"。手绘学习是一个持续、长期的过程，但是，只要我们投入其中，就必定会欣赏到路途中无比绚丽的风景，必定会收获到无穷的乐趣和受用一生的宝贵财富。

任务四　家具陈设单体、组合练习

学习任务关系图
4.1　沙发单体练习
4.2　茶几单体练习
4.3　椅子单体练习
4.4　餐桌、餐椅组合练习
4.5　床单体练习
4.6　抱枕单体练习
4.7　橱柜单体练习
4.8　灯具单体练习
4.9　卫生洁具单体练习
4.10　绿色植物单体练习
4.11　陈设品单体练习
4.12　家用电器单体练习

学习目标分析	
知识目标	1. 理解不同家具及陈设的功能作用和适用范围； 2. 理解练习家具及陈设单体的意义、作用和方法。
技能目标	1. 掌握手绘家具及陈设单体线稿的基本技法； 2. 掌握使用彩铅和马克笔等工具对家具及陈设单体进行上色的基本方法。

4.1　沙发单体练习

　　家具及陈设的形状造型各有不同，但从宏观把握的话，都可以归纳为基本的几何体。在造型方面要注意两点：一是透视的准确性；二是素描关系（即明暗关系）的准确性。这两点都属于手绘的科学性范畴，与之对应的则是艺术性的把握，即线条和色彩的表现力。

　　沙发单体手绘线稿及上色效果图表现，如图 4-1 至图 4-17 所示。

图 4-1　沙发单体练习一

图 4-2 沙发单体练习二

图 4-3　沙发单体练习三

图 4-4 沙发单体练习四

案例实践篇

图 4-5 沙发单体练习五

图 4-6 沙发单体练习六

图 4-7　沙发单体练习七

图 4-8　沙发单体练习八

图 4-9 沙发单体练习九

图 4-10 沙发单体练习十

图 4-11 沙发单体练习十一

图 4-12 沙发单体练习十二

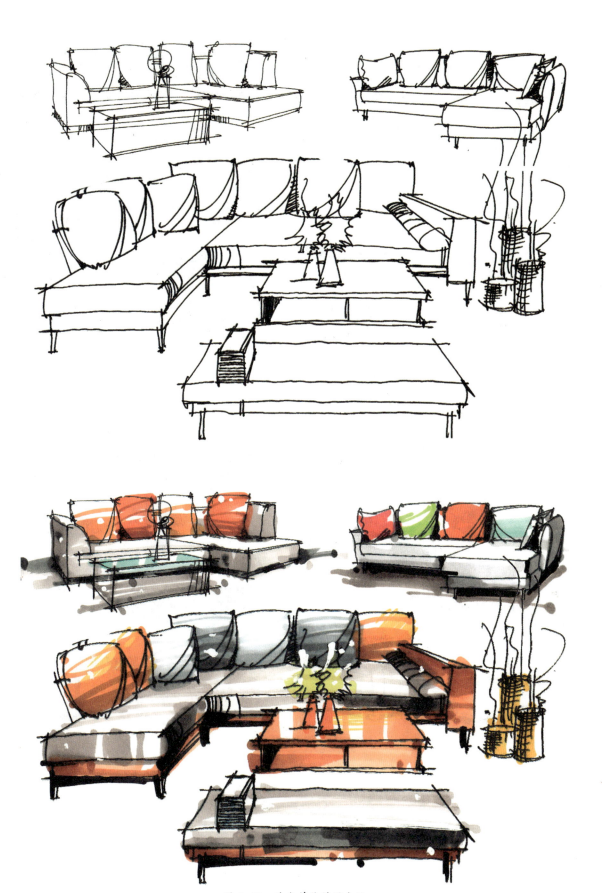

图 4-13 沙发单体练习十三

图 4-14　沙发单体练习十四

图 4-15　沙发单体练习十五

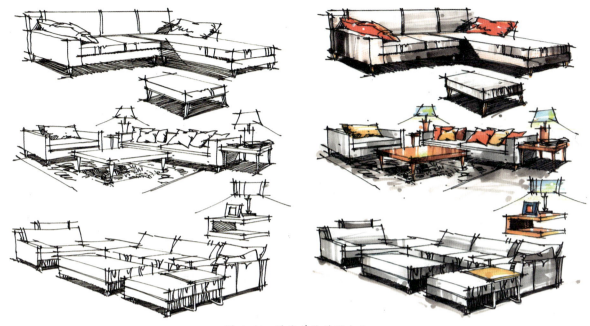

图 4-16 沙发单体练习十六

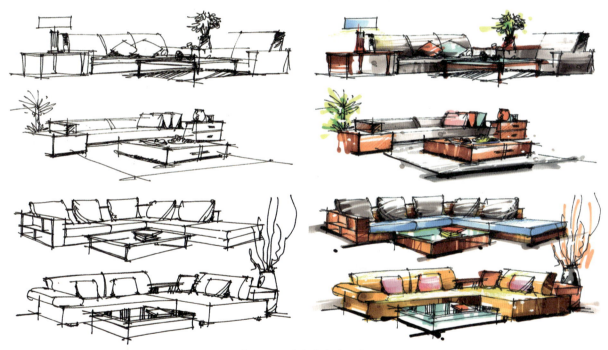

图 4-17 沙发单体练习十七

4.2 茶几单体练习

茶几单体练习线稿及上色效果图,如图 4-18 至图 4-20 所示。

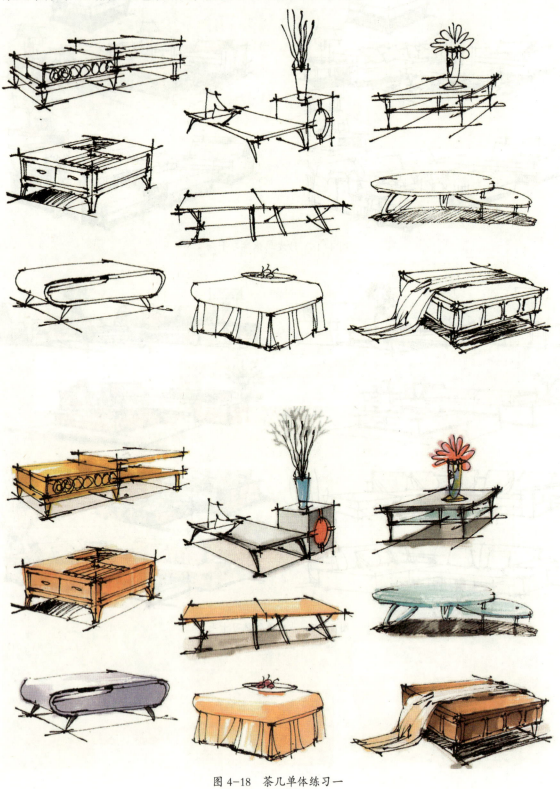

图 4-18 茶几单体练习一

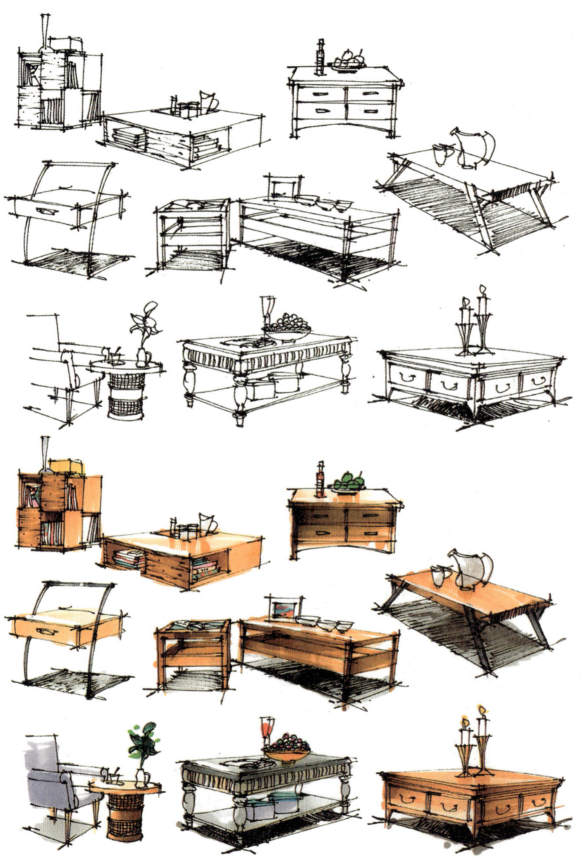

图 4-19 茶几单体练习二

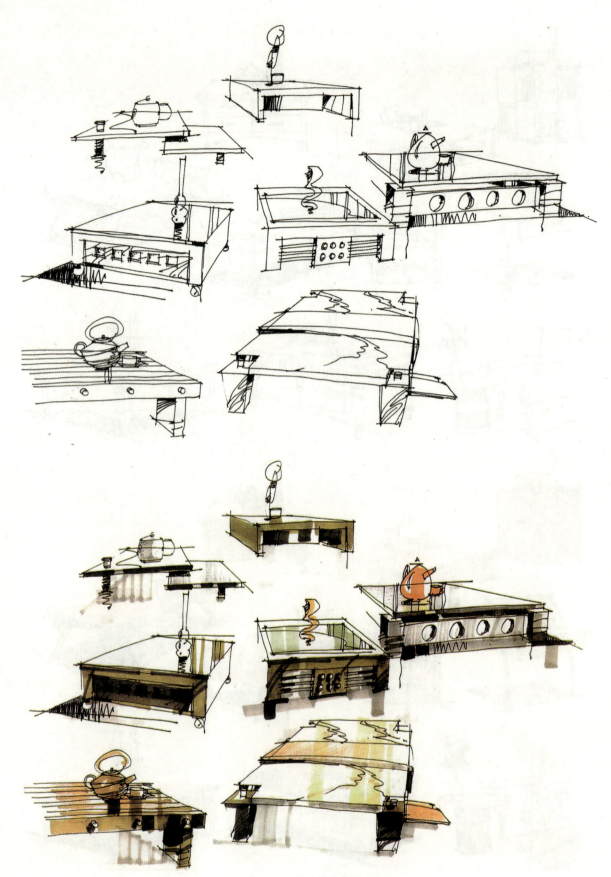

图4-20 茶几单体练习三

4.3 椅子单体练习

椅子单体练习线稿及上色效果图，如图 4-21 至图 4-23 所示。

图 4-21　椅子单体练习一

图 4-22 椅子单体练习二

案例实践篇 | 97

图 4-23 椅子单体练习三

4.4 餐桌、餐椅组合练习

餐桌、餐椅组合练习线稿及上色效果图,如图 4-24 至图 4-26 所示。

图 4-24　餐桌、餐椅组合练习一

图 4-25 餐桌、餐椅组合练习二

图 4-26 餐桌、餐椅组合练习三

4.5 床单体练习

床单体练习线稿及上色效果图，如图4-27至图4-29所示。

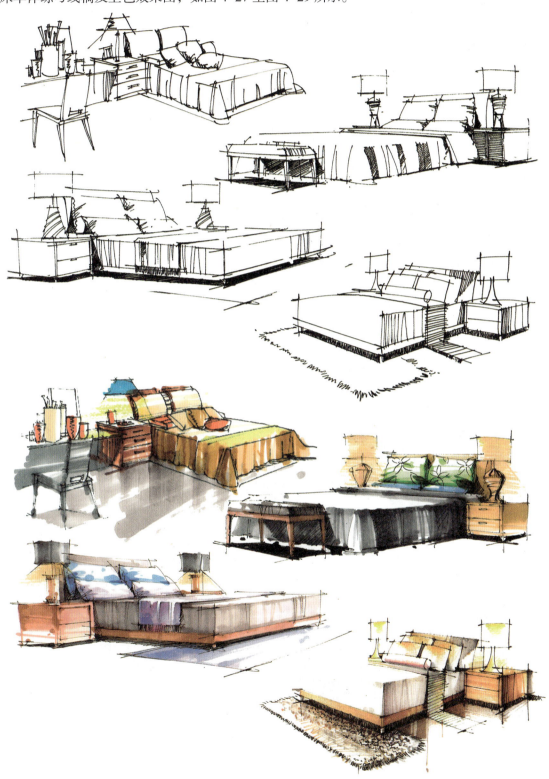

图4-27 床单体练习一

图 4-28 床单体练习二

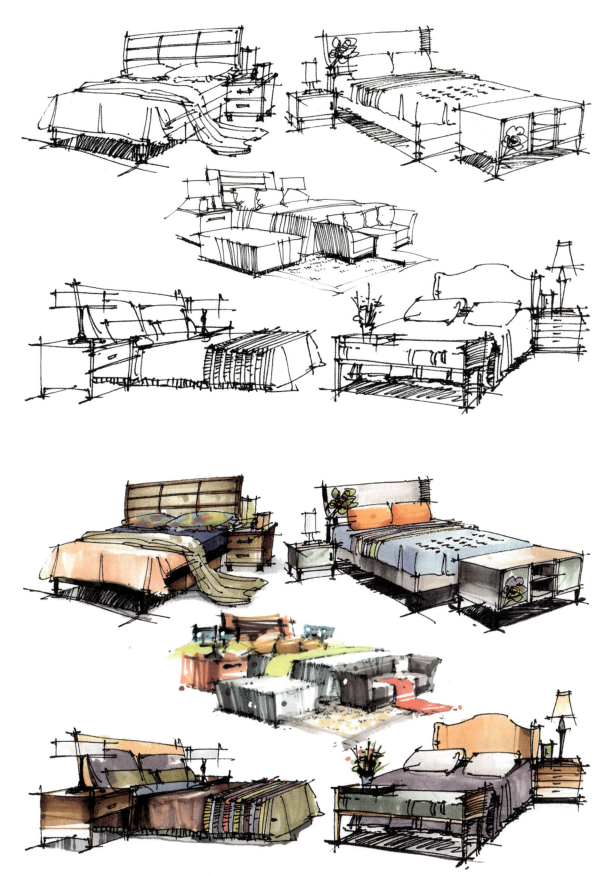

图 4-29 床单体练习三

4.6 抱枕单体练习

抱枕单体练习线稿及上色效果图，如图 4-30 和图 4-31 所示。

图 4-30　抱枕单体练习一

图 4-31 抱枕单体练习二

4.7 橱柜单体练习

橱柜单体练习线稿及上色效果图，如图 4-32 和图 4-33 所示。

图 4-32　橱柜单体练习一

图 4-33 橱柜单体练习二

4.8 灯具单体练习

灯具单体练习线稿及上色效果图,如图4-34至图4-37所示。

图4-34 灯具单体练习一

图 4-35 灯具单体练习二

图 4-36 灯具单体练习三

图 4-37　灯具单体练习四

4.9 卫生洁具单体练习

卫生洁具单体练习线稿及上色效果图,如图4-38所示。

图4-38 卫生洁具单体练习

4.10 绿色植物单体练习

绿色植物单体练习线稿及上色效果图,如图4-39和图4-40所示。

图4-39 绿色植物单体练习一

图 4-40 绿色植物单体练习二

4.11 陈设品单体练习

陈设品单体练习线稿及上色效果图，如图4-41至图4-46所示。

图4-41 陈设品单体练习一　　　　图4-42 陈设品单体练习二

图4-43 陈设品单体练习三　　　　图4-44 陈设品单体练习四

图 4-45 陈设品单体练习五

图 4-46 陈设品单体练习六

4.12 家用电器单体练习

家用电器单体练习线稿及上色效果图,如图 4-47 所示。

图 4-47 家用电器单体练习

任务五　局部空间组合练习

学习任务关系图
5.1　客厅局部空间组合练习
5.2　卧室局部空间组合练习
5.3　餐厅、厨房局部空间组合练习
5.4　卫生间局部空间组合练习

学习目标分析	
知识目标	1. 理解不同空间的功能组成；
	2. 理解局部空间组合练习的意义、作用和方法。
技能目标	1. 能够在局部空间组合中准确表现透视关系；
	2. 能够掌握绘制局部空间组合线稿并上色的基本技法。

将部分家具合理组合后，可以形成局部空间。对局部空间的手绘练习，是进行完整室内空间手绘表现的前期准备，是从家具单体到完整空间的过渡练习。在绘制局部空间组合的过程中，既要把握透视的准确性，也要注重构图和画面的整体表现。

5.1　客厅局部空间组合练习

客厅局部空间组合练习线稿及上色效果图，如图 5-1 至图 5-4 所示。

图 5-1 客厅局部空间组合练习一（赵杰绘）

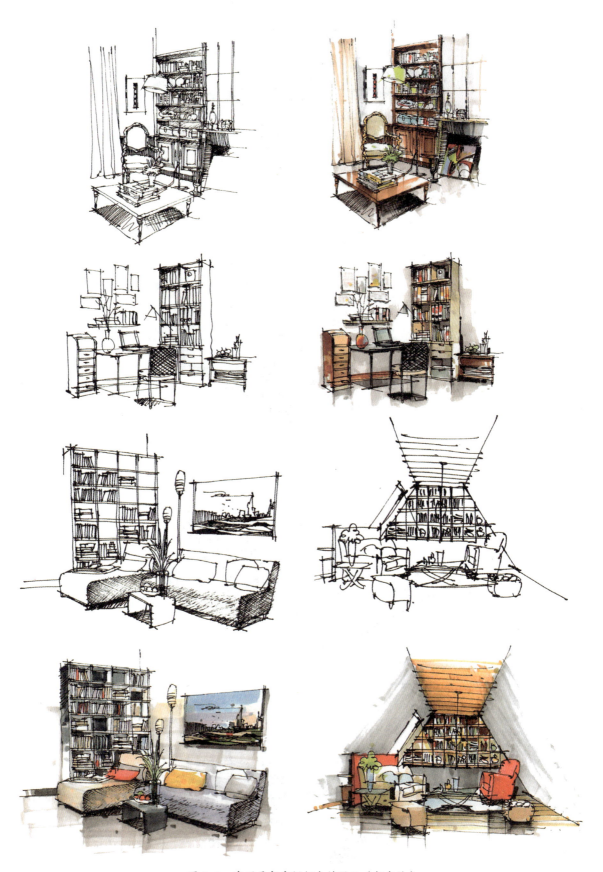

图 5-2 客厅局部空间组合练习二（赵杰绘）

图 5-3 客厅局部空间组合练习三（郭志辉绘）

图 5-4 客厅局部空间组合练习四（郭志辉绘）

5.2 卧室局部空间组合练习

卧室局部空间组合练习线稿及上色效果图，如图 5-5 和图 5-6 所示。

图 5-5　卧室局部空间组合练习一（杨翼绘）

图 5-6 卧室局部空间组合练习二（赵杰绘）

5.3 餐厅、厨房局部空间组合练习

餐厅、厨房局部空间组合练习线稿及上色效果图，如图 5-7 所示。

图 5-7　餐厅、厨房局部空间组合练习（赵杰绘）

5.4 卫生间局部空间组合练习

卫生间局部空间组合练习线稿及上色效果图,如图 5-8 所示。

图 5-8 卫生间局部空间组合练习(赵杰绘)

任务六　完整室内空间练习

学习任务关系图	
6.1　居住空间手绘表现练习	6.1.1　客厅（休息厅）、视听室
	6.1.2　卧室、玄关
	6.1.3　书房
	6.1.4　卫生间
	6.1.5　餐厅（厨房）、别墅
6.2　公共空间手绘表现练习	6.2.1　餐饮空间（餐厅包厢）
	6.2.2　休闲空间（酒店中庭、大堂）
	6.2.3　办公室、会议室
	6.2.4　酒店客房
	6.2.5　商业公共空间
6.3　平面图及立面图手绘表现练习	6.3.1　平面图
	6.3.2　立面图
6.4　方案手绘表现练习	

学习目标分析	
知识目标	1. 理解家装与工装、居住空间与公共空间的基本含义；
	2. 理解居住空间与公共空间在内容表现上的异同。
技能目标	1. 能够在完整室内空间手绘中准确表现透视关系；
	2. 能够掌握绘制完整室内空间线稿并上色的基本技法。

6.1　居住空间手绘表现练习

　　家装，就是家庭装修，即居住空间的装饰、装修。家装工程量较小，更注重生活起居、收纳储物的需求，讲究精致、温馨的整体氛围。居住空间，又分为玄关、客厅（休息厅）、餐厅、卧室（可以分为主卧、次卧，或主人房、老人房、小孩房和客房等）、衣帽间、书房、厨房、卫生间（包括公共的和卧室中的）、阳台（包括主阳台和生活阳台）、储物间等。

　　居住空间的手绘表现要尽量体现温馨、温暖、舒适的氛围；家具布置合理、有序；装饰陈设目的明确、突出主题；画面整体要整洁、大方，不要过于杂乱、繁复。

　　还需要特别提醒的是：作为完整的手绘作品，一定要高度重视构图。在临摹练习的时候，要特别注意观察每幅作品在纸面上的位置，尤其要注意画面边缘的处理手法：是收还是放，是用线限定还是用植物或装饰品限定，或者不做限定，等等。

6.1.1 客厅(休息厅)、视听室

客厅(休息厅)、视听室空间手绘表现练习作品,如图 6-1 至图 6-28 所示。

图 6-1 客厅空间设计上色稿一(杨健绘)

图 6-2 客厅空间设计上色稿二(杨健绘)

图 6-3 客厅空间设计上色稿三（陈红卫绘）

图 6-4 客厅空间设计上色稿四（沙沛绘）

图 6-5 客厅空间表现线稿一（吕律谱绘）

图 6-6 客厅空间表现上色稿一（吕律谱绘）

案例实践篇 | 131

图 6-7 客厅空间表现线稿二（杜健绘）

图 6-8 客厅空间表现上色稿二（杜健绘）

图 6-9　客厅空间表现线稿三（雷翔绘）

图 6-10　客厅空间表现上色稿三（雷翔绘）

图 6-11 客厅空间表现线稿四（雷翔绘）

图 6-12 客厅空间表现上色稿四（雷翔绘）

图 6-13　客厅空间表现线稿五（雷翔绘）

图 6-14　客厅空间表现上色稿五（雷翔绘）

案例实践篇 135

图 6-15　客厅空间表现线稿六（雷翔绘）

图 6-16　客厅空间表现上色稿六（雷翔绘）

图6-17 客厅空间表现线稿七(蔡进财绘,指导老师薛青)

图6-18 客厅空间表现上色稿七(蔡进财绘,指导老师薛青)

图 6-19 客厅空间表现线稿八(赵杰绘)

图 6-20 客厅空间表现上色稿八(赵杰绘)

图 6-21　客厅空间表现上色稿九（陈坤绘，指导老师杨翼）

图 6-22　客厅空间表现上色稿十（陈坤绘，指导老师杨翼）

图 6-23　客厅空间表现上色稿十一（陈坤绘，指导老师杨翼）

图 6-24　休息厅空间表现线稿（蔡进财绘，指导老师薛青）

图 6-25　休息厅空间表现上色稿一（蔡进财绘，指导老师薛青）

图 6-26　休息厅空间表现上色稿二（漆梦颖绘，指导老师杨翼）

图6-27 视听室空间表现线稿一(杨翼绘)

图6-28 视听室空间表现线稿二(杨翼绘)

6.1.2 卧室、玄关

卧室空间手绘表现练习作品，如图6-29至图6-49所示。

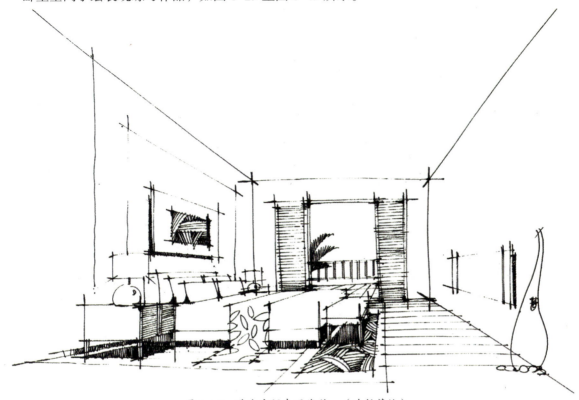

图6-29 卧室空间表现线稿一（连柏慧绘）

图6-30 卧室空间表现上色稿一（连柏慧绘）

图 6-31 卧室空间表现线稿二(雷翔绘)

图 6-32 卧室空间表现上色稿二(雷翔绘)

案例实践篇 143

图 6-33　卧室空间表现线稿三（雷翔绘）

图 6-34　卧室空间表现上色稿三（雷翔绘）

图6-35 卧室空间表现线稿四(雷翔绘)

图6-36 卧室空间表现上色稿四(雷翔绘)

案例实践篇 145

图6-37 卧室空间表现线稿五(蔡进财绘,指导老师薛青)

图6-38 卧室空间表现上色稿五(蔡进财绘,指导老师薛青)

图6-39 卧室空间表现线稿六(蔡进财绘,指导老师薛青)

图6-40 卧室空间表现上色稿六(蔡进财绘,指导老师薛青)

图 6-41 卧室空间表现线稿七(康蓓绘,指导老师薛青)

图 6-42 卧室空间表现上色稿七(康蓓绘,指导老师薛青)

图 6-43 卧室空间表现线稿八（杨翼绘）

图 6-44 卧室空间表现线稿九（杨翼绘）

图 6-45 卧室空间表现上色稿八（杨翼绘）

图6-46 卧室空间表现上色稿九(漆梦颖绘,指导老师杨翼)

图6-47 卧室空间表现上色稿十(漆梦颖绘,指导老师杨翼)

图6-48 卧室空间表现上色稿十一(漆梦颖绘,指导老师杨翼)

图 6-49 玄关空间表现上色稿（杨翼绘）

6.1.3 书房

书房空间手绘表现练习作品，如图 6-50 至图 6-53 所示。

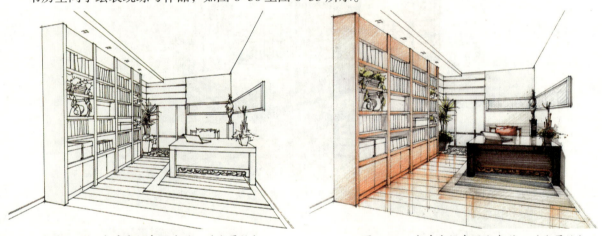

图 6-50 书房空间表现线稿一（张屏绘）　　　图 6-51 书房空间表现上色稿一（张屏绘）

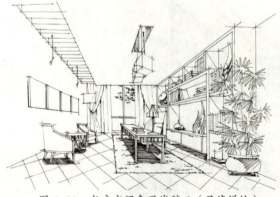

图 6-52 书房空间表现线稿二（吕律谱绘）　　　图 6-53 书房空间表现上色稿二（吕律谱绘）

6.1.4 卫生间

卫生间空间表现手绘练习作品，如图6-54至图6-56所示。

图6-54　卫生间表现上色稿一（钱娟绘）

图6-55　卫生间表现上色稿二（钱娟绘）

图6-56　卫生间表现上色稿三（易子龙绘，指导老师杨翼）

6.1.5 餐厅(厨房)、别墅

餐厅、别墅空间表现手绘作品,如图 6-57 至图 6-62 所示。

图 6-57 餐厅空间表现上色稿一(刘志伟绘)

图 6-58 餐厅空间表现上色稿二(刘志伟绘)

图 6-59 餐厅空间表现线稿一(赵杰绘)

图 6-60 餐厅空间表现上色稿三（赵杰绘）

图 6-61 厨房表现上色稿（王宏绘）

图 6-62 别墅空间表现上色稿（李国胜绘）

6.2 公共空间手绘表现练习

所谓工装,指的是除居住空间外的公共空间(包括办公行政空间、商业卖场空间、餐饮空间、休闲娱乐空间、酒店宾馆空间等)的装饰工程。相对于居住空间,公共空间的体量往往更大、内容更丰富和复杂,因此手绘表现的难度也更大。绘制时,首先要特别重视透视的统一和准确,不要因为物体太多而导致透视的混乱;其次要注意画面整体表现力的把握,线稿要简洁有力,素描关系要恰到好处;上色时要保证色调的和谐统一,色彩搭配要自然、美观,对鲜艳的色彩使用要慎重,不要出现过多种类,也尽量不要太大面积使用。

6.2.1 餐饮空间(餐厅包厢)

餐饮空间表现手绘作品,如图 6-63 至图 6-88 所示。

图 6-63 餐饮空间设计上色稿一(杨健绘)

案例实践篇 155

图 6-64　餐饮空间设计上色稿二（沙沛绘）

图 6-65　餐饮空间设计上色稿三（陈红卫绘）

图 6-66 餐饮空间设计上色稿四（陈红卫绘）

图 6-67 餐饮空间表现线稿一（雷翔绘）

图 6-68 餐饮空间表现上色稿五（雷翔绘）

案例实践篇 | 157

图 6-69　餐饮空间表现线稿二（雷翔绘）　　　　　　图 6-70　餐饮空间表现上色稿六（雷翔绘）

图 6-71　餐饮空间表现线稿三（雷翔绘）

图6-72 餐饮空间表现上色稿七(雷翔绘)

图6-73 餐饮空间表现线稿四(雷翔绘)

图 6-74 餐饮空间表现上色稿八(雷翔绘)

图 6-75 餐饮空间表现线稿五(赵杰绘)

图6-76 餐饮空间表现上色稿九(赵杰绘)

图6-77 餐饮空间表现线稿六(赵杰绘)

案例实践篇 | 161

图 6-78　餐饮空间表现上色稿十（赵杰绘）

图 6-79　餐饮空间表现上色稿十一（陈坤绘，指导老师杨翼）

图6-80 餐饮空间表现上色稿十二(陈坤绘,指导老师杨翼)

图6-81 餐饮空间表现上色稿十三(易子龙绘,指导老师杨翼)

图 6-82　餐饮空间表现上色稿十四（连柏慧绘）

图 6-83　餐厅包厢表现线稿一（雷翔绘）

图 6-84 餐厅包厢表现上色稿一（雷翔绘）

图 6-85 餐厅包厢表现线稿二（雷翔绘）

图 6-86 餐厅包厢表现上色稿二（雷翔绘）

图 6-87 餐厅包厢表现线稿三（雷翔绘）

图 6-88　餐厅包厢表现上色稿三（雷翔绘）

6.2.2　休闲空间（酒店中庭、大堂）

休闲空间表现手绘作品，如图 6-89 至图 6-95 所示。

图 6-89　休闲空间设计上色稿一（陈红卫绘）

图6-90 休闲空间设计上色稿二(陈红卫绘)

图6-91 酒店中庭表现线稿(邱思荣绘,指导老师薛青)

图6-92 酒店中庭表现上色稿(邱思荣绘,指导老师薛青)

图6-93 酒店大堂表现线稿(雷翔绘)

图 6-94 酒店大堂表现上色稿（雷翔绘）

图 6-95 酒店空间表现上色稿（连柏慧绘）

6.2.3 办公室、会议室

办公室、会议室空间表现手绘作品,如图 6-96 至图 6-107 所示。

图 6-96 办公室空间表现线稿一(雷翔绘)

图 6-97 办公室空间表现上色稿二(雷翔绘)

图 6-98　办公空间表现线稿二（雷翔绘）

图 6-99　办公空间表现上色稿二（雷翔绘）

图 6-100　办公空间表现线稿三（雷翔绘）

图 6-101　办公空间表现上色稿三（雷翔绘）

案例实践篇 | 173

图 6-102　办公空间表现线稿四（雷翔绘）

图 6-103　办公空间表现上色稿四（雷翔绘）

图 6-104　会议室表现线稿一（雷翔绘）

图 6-105　会议室表现上色稿一（雷翔绘）

图 6-106 会议室表现线稿二（雷翔绘）

图 6-107 会议室表现上色稿二（雷翔绘）

6.2.4 酒店客房

酒店客房空间表现手绘作品,如图6-108至图6-111所示。

图6-108 酒店客房表现线稿一(雷翔绘)

图6-109 酒店客房表现上色稿一(雷翔绘)

图 6-110 酒店客房表现线稿二(雷翔绘)

图 6-111 酒店客房表现上色稿二(雷翔绘)

6.2.5 商业公共空间

公共空间表现手绘作品，如图6-112至图6-116所示。

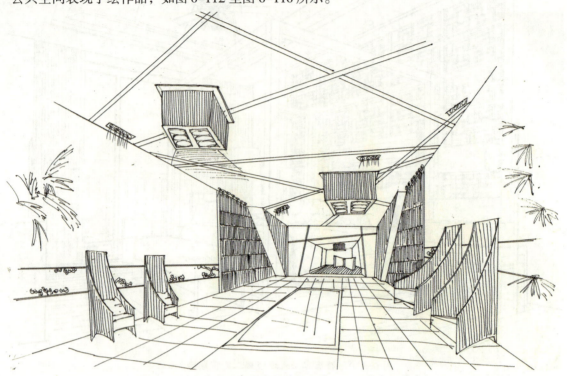

图6-112 公共空间表现线稿（邱思荣绘，指导老师薛青）

图6-113 公共空间表现上色稿（邱思荣绘，指导老师薛青）

图 6-114 商业空间表现线稿（易子龙绘，指导老师杨翼）

图 6-115 商业空间表现上色稿一（易子龙绘，指导老师杨翼）

图 6-116　商业空间表现上色稿二（陈坤绘，指导老师杨翼）

6.3　平面图及立面图手绘表现练习

　　平面图、立面图可以直观地反映空间结构、功能布局、家具及陈设配置、界面材料等信息，是设计方案的重要组成部分。

　　平面图可以直接绘制在打印出来的 CAD 户型图上，也可以全部用手绘完成（需要特别注意比例关系和尺寸比例的准确性）。居住空间的平面图色调最好采用暖色，从而营造温馨、舒适的氛围，厨卫空间可以考虑使用偏冷色调，有清爽洁净的感觉。在上色时，要先明确整体的光源方向，从而统一各物体的阴影方向，这样可以很好地塑造立体感。

　　立面图的重点是对墙面造型和材料进行丰富的表现。

6.3.1 平面图

平面图手绘表现练习，如图 6-117 至图 6-124 所示。

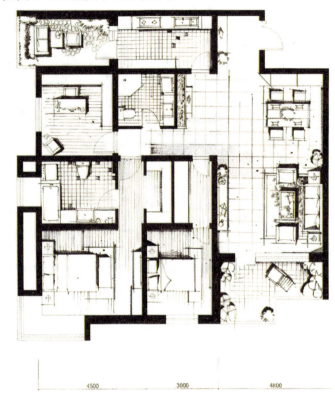

图 6-117　平面图手绘表现一（吕律谱绘）

图 6-118　平面图手绘表现二（吕律谱绘）

图 6-119 平面图手绘表现三(杜健绘)

图 6-120 平面图手绘表现四(杜健绘)

案例实践篇 183

图 6-121 平面图手绘表现五（连柏慧绘）

图 6-122 平面图手绘表现六（欧阳乐绘）

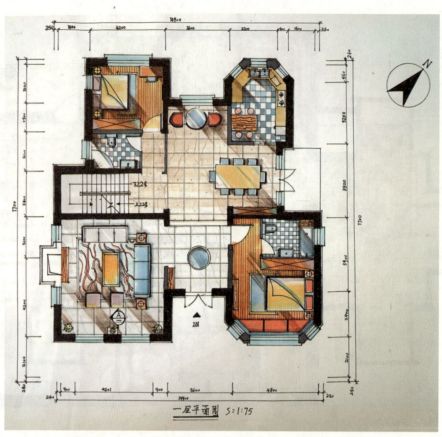

图 6-123　平面图手绘表现七（易子龙绘，指导老师杨翼）

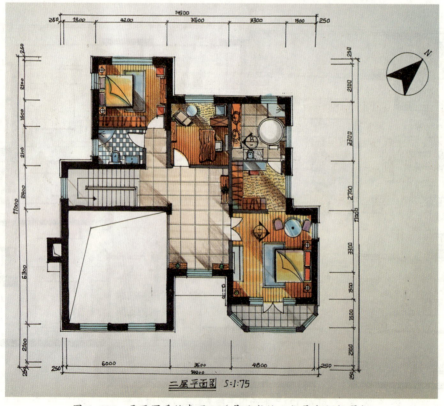

图 6-124　平面图手绘表现八（易子龙绘，指导老师杨翼）

6.3.2 立面图

立面图手绘表现练习，如图 6-125 和图 6-126 所示。

图 6-125　立面图手绘表现一（吕律谱绘）

图 6-126　立面图手绘表现二（吕律谱绘）

6.4 设计方案手绘表现练习

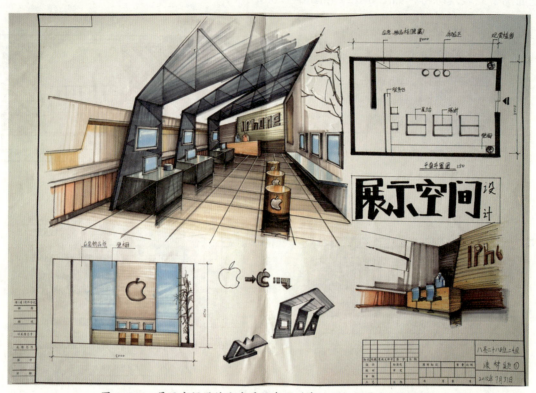

图 6-127 展示空间设计方案手绘表现（李浩绘，指导老师杨翼）

图 6-128 武胜网咖设计方案手绘表现（李浩绘，指导老师杨翼）

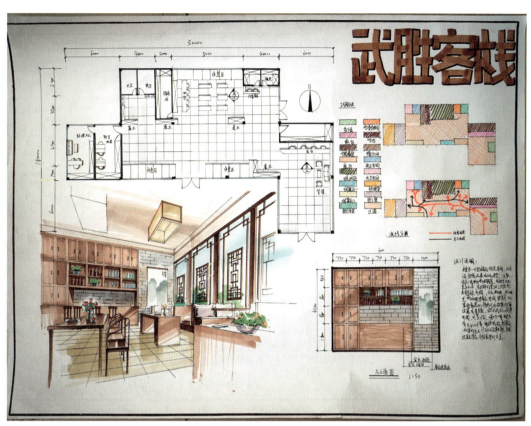

图 6-129　武胜客栈设计方案手绘表现一（李浩绘，指导老师杨翼）

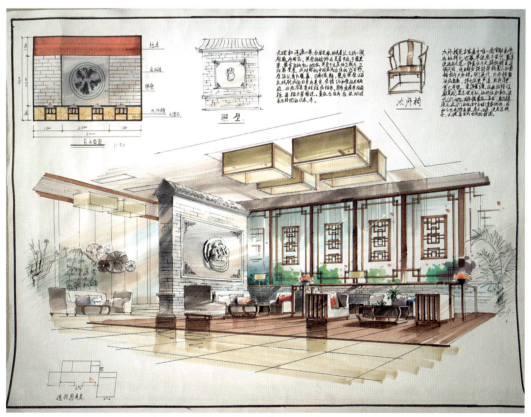

图 6-130　武胜客栈设计方案手绘表现二（李浩绘，指导老师杨翼）

参考文献

[1] 杨健. 室内空间徒手表现法 [M]. 沈阳：辽宁科学技术出版社，2010.

[2] 裴爱群. 室内设计实用手绘教程 [M]. 大连：大连理工大学出版社，2008.

[3] 裴爱群. 室内设计实用手绘教学示范 [M]. 大连：大连理工大学出版社，2009.

[4] 赵杰. 室内设计手绘效果图表现 [M]. 武汉：华中科技大学出版社，2012.

[5] 杜健，吕律谱. 30天必会室内手绘快速表现 [M]. 武汉：华中科技大学出版社，2016.

[6] 连柏慧. 纯粹手绘——室内手绘快速表现 [M]. 北京：机械工业出版社，2012.

[7] 杨翼，汤池明. 设计表达——室内空间效果图表现技法 [M]. 武汉：武汉理工大学出版社，2009.

[8] 张屏. 室内设计手绘效果图快速表现教程 [M]. 北京：中国青年出版社，2011.

[9] 寇贞卫，曹治. 设计与手绘表现丛书——家居空间 [M]. 南昌：江西美术出版社，2011.

后 记

  这本教材是我对自己多年来手绘教学的一次全面总结，也是我个人手绘道路新的开始。我在手绘教学和本教材的编写过程中，研究越深入，画得越多，学习的作品越多，就越感觉到自己的不足。我切身体会到，手绘和其他艺术门类一样，是技术与艺术的结合，掌握了技法以后，手绘的旅程其实才真正开始。这本教材，包含了我全部教学中的思考和方法，希望能够帮助初学者掌握学习手绘的方法和基本技法，打开手绘这个神奇世界的大门。在这之后，我希望跟大家一起，坚持画下去，思考下去，不断挑战艰辛和困苦，去领略手绘漫长旅途中更多、更绚烂的风景。

  再次感谢本教材编写过程中各位参编老师的辛勤付出，以及各位师长、朋友的真诚帮助。同时也感谢家人的无私奉献，为我创造了最好的编写环境，我爱你们。

雷　翔